U0080664

大師如何設計

住宅格局

○ 與 ✕

令 屋 主 激 賞 的 絕 佳 格 局 84 例

ザ・ハウス（The House）

瑞昇文化

住宅格局〇與 ✕

Contents

Chapter 1
外部與室內連接的舒適住家

6-49

Chapter 2

寬敞舒適的住家

50-93

Chapter 3

採光通風良好的舒適住家

94-139

Chapter 4
可遠眺絕美風景的住家

Chapter 5

煞費心思的設計！
多代同堂・出租合併住宅

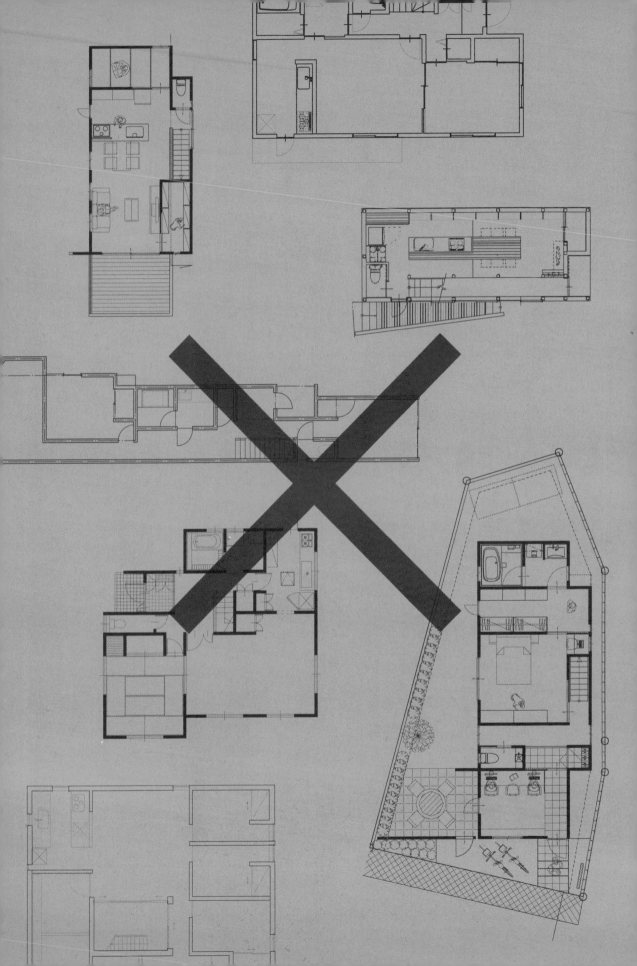

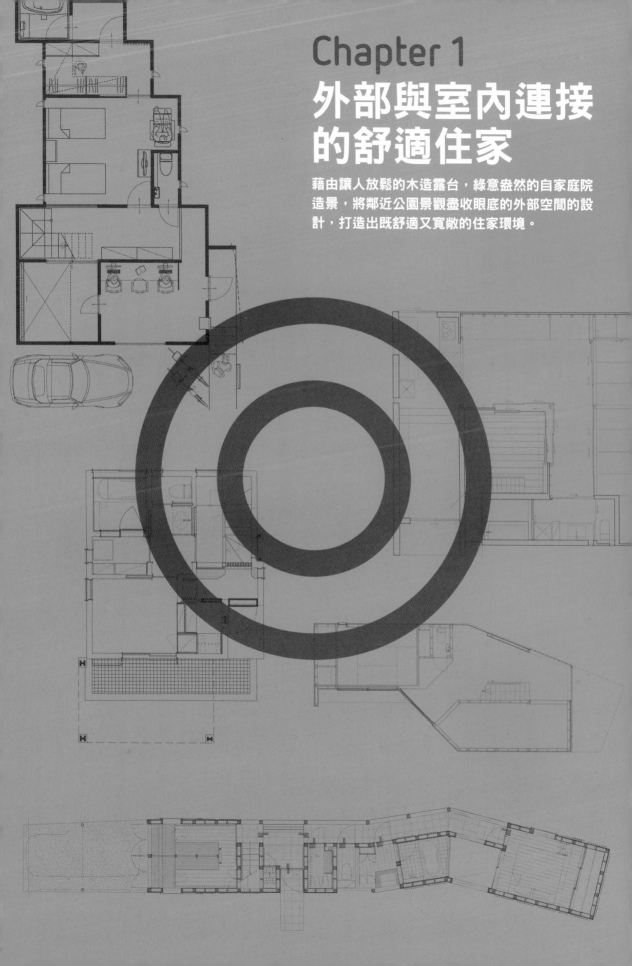

Chapter 1
外部與室內連接
的舒適住家

藉由讓人放鬆的木造露台，綠意盎然的自家庭院造景，將鄰近公園景觀盡收眼底的外部空間的設計，打造出既舒適又寬敞的住家環境。

具備隔音間，
緊鄰綠蔭道路的 10 坪大住家

屋主最先提出的要求是要有隔音間，但由於房屋空間狹小，再加上有其他因素影響，設計師一開始不認為能挪出一個興趣專用空間。雖然大膽向屋主提出無隔音間的設計概念，但立即就遭到對方否決。所以只好修改設計圖，想辦法將隔音間納入其中，思考該如何創造出讓人感覺愉悅的空間。即便裝修費用不多，還是徹底利用了房屋平面與剖面空間，打造出能夠享受林蔭道路的狹小住家。

房屋相關資訊
家族成員：夫婦
土地條件：建地面積 65.49 ㎡
　　　　　建蔽率 50% 容積率 100%
　　　　　安靜住宅區內面向綠蔭道路的狹窄土地，從室內可看見戶外的櫻花樹。

屋主提出的要求
- 要有隔音間（彈吉他擾音時不吵雜的房間）
- 客廳所在樓層要設有浴室
- 電腦桌在客廳內
- 換洗衣物可以在室內晾乾等

一定要有隔音間！
安靜的LDK※環境　　　　　　　　　　　※LDK：指日本住宅的 Living（客廳）、Dining（飯廳）、Kitchen（廚房）。

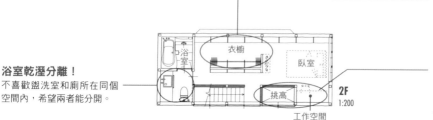

收納還是走道空間？
動線流暢的衣櫥功能性佳，但收納容量還是不足，需要加強這個部分。

真的需要嗎？
有一個約 0.5 坪大的挑高和工作空間，姑且不論工作空間，但真的有需要設置挑高嗎？

浴室乾溼分離！
不喜歡盥洗室和廁所在同個空間內，希望兩者能分開。

2F
1:200

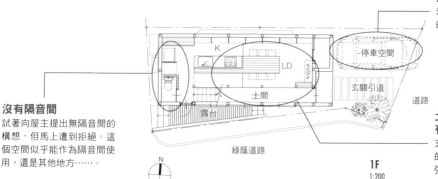

大小適中的停車空間
想要一個能完整停放車輛的停車空間。

沒有隔音間
試著向屋主提出無隔音間的構想，但馬上遭到拒絕。這個空間似乎能作為隔音間使用，還是其他地方……

土間※的連接設計有問題
玄關土間、廚房和 LD 合併的一體性空間，這部分太強調開放感。

1F
1:200

※日本建築中不需脫鞋的水泥地空間

大膽改變2樓的LDK設計，享受外圍的綠蔭景色

左：從鋪有榻榻米的客廳可清楚看到廚房，地板稍微架高的客廳空間，坐著就能夠和廚房做菜的家人視線交會。
右：整個空間對外開放的住宅南側，挑高也採用大片玻璃窗設計，陽光可直接照射到室內空間。

互動式廚房
廚房面向起居室，符合屋主提出互動式廚房設計。

整合衛浴設備
不需要在狹窄空間內盥洗和上廁所，還具備盥洗更衣和洗衣功能。

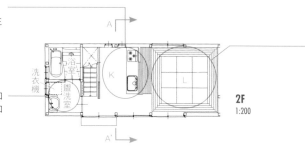

洗衣機

浴室
脫衣室

洗臉室

K

L

2F
1:200

在榻榻米上放鬆身心
地板稍微架高的榻榻米客廳，並設有吧台式餐桌，多功能的和室很適合作為日常生活的放鬆空間。

這是怎麼回事！？
包括2樓LDK在內的大改造計畫，規劃出最佳的隔間方式，終於得以保留屋主期盼的隔音室空間！

隔音間

玄關

門廊

臥室

停車空間

道路

綠蔭道路

N

1F
1:200

寬敞的廁所
獨立的廁所空間，並設有大尺寸的洗手台。

提升收納功能！
將衣櫥設在動線以外的位置，收納面積沒有改變，但卻能有效提升收納容量。

內外兼用的大片落地窗！
南側1樓到閣樓都是採用玻璃帷幕外牆，雖然沒有設置陽台，但還是可藉由窗戶的開關，達到室內室外的空氣流通效果。

將來可使用的閣樓空間
衛浴設備上方只有地板，可作為之後的使用空間，必要時可再增加需要裝置，能暫時隨心所欲利用這個開放空間。

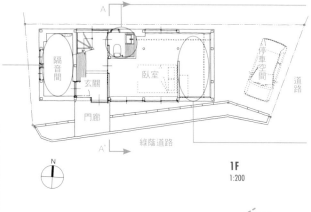

光線

閣樓

挑高

視線

K

L

廁所

臥室

綠蔭道路

外圍有庭院
南側有大片玻璃窗，可直接欣賞綠蔭道路上的景色，可當作是「自家庭院」恣意享受綠意。

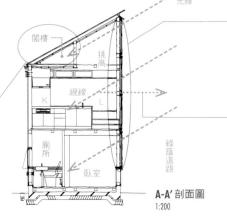

A-A' 剖面圖
1:200

建地面積／65.49㎡
總樓地板面積／64.60㎡
設計／瀨野和廣＋設計工作室
名稱／O-numahuse

保護住家隱私，
能欣賞周邊綠景的超細長住家

002

善用細長土地的特色，為營造屋內空間的廣度，縱向的2樓完全沒設置外牆，視線可直接穿透達23m的距離。取而代之的是地板的高低差設計，以及規劃出小庭院園空間，將住宅的縱向處分成好幾個段落，除了能保有建築整體的開放感外，也規劃出部分可做為休憩的共存空間。開口處是為了能有效將周圍分散的景色納入，尺寸與高度都是經過慎重評估後的配置方式。

房屋相關資訊
家族成員：夫婦＋小孩1人
土地條件：建地面積200.00 ㎡
　　　　　建蔽率 60% 容積率80%
　　　　　建地為5x28m極端細長的形狀，地處風景區以及2項道路內縮工程範圍內，因此需遵守房屋北側斜線高度規定。
屋主提出的要求
• 半戶外式的陽台
• 設計能融入北鎌倉建築的獨特風情
• 呈現出暗色沉穩的風格

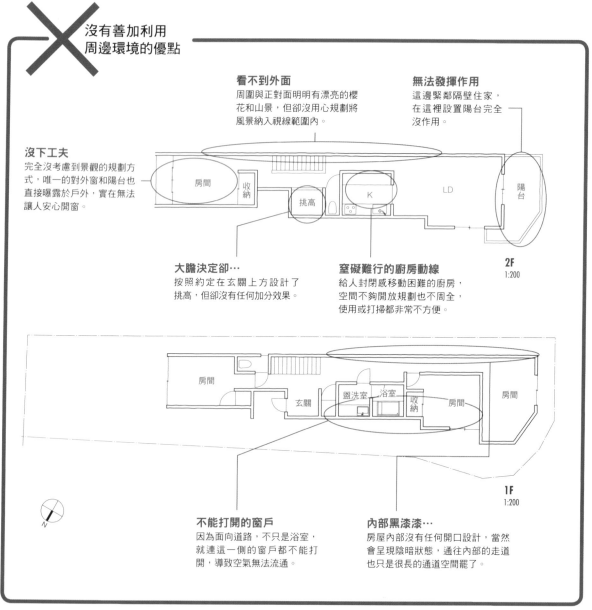

✗ 沒有善加利用
周邊環境的優點

看不到外面
周圍與正對面明明有漂亮的櫻花和山景，但卻沒用心規劃將風景納入視線範圍內。

無法發揮作用
這邊緊鄰隔壁住家，在這裡設置陽台完全沒作用。

沒下工夫
完全沒考慮到景觀的規劃方式，唯一的對外窗和陽台也直接曝露於戶外，實在無法讓人安心開窗。

房間　收納　挑高　K　LD　陽台

2F
1:200

大膽決定卻…
按照約定在玄關上方設計了挑高，但卻沒有任何加分效果。

窒礙難行的廚房動線
給人封閉感移動困難的廚房，空間不夠開放規劃也不周全，使用或打掃都非常不方便。

房間　玄關　盥洗室　浴室　收納　房間　房間

1F
1:200

不能打開的窗戶
因為面向道路，不只是浴室，就連這一側的窗戶都不能打開，導致空氣無法流通。

內部黑漆漆…
房屋內部沒有任何開口設計，當然會呈現陰暗狀態，通往內部的走道也只是很長的通道空間罷了。

010

隨心所欲欣賞美景，大自然環繞的居家環境

左：從 2 樓客廳往陽台看出去的視野，在充滿綠意的周邊環境裡，採取可自由選擇眺望方向的開口設計。

右：經由地窗讓陽光照射到玄關土間通道上，臥室位置在最底端。

可自由選擇
清楚劃分想看和不想看的事物，以想看的事物方向為主的開口設計。

有目的的開放空間
仔細評估一旁的櫻花位置，規劃了好幾個開口處。

沒有開關門也能區隔
有中庭設計的連接通道，會轉彎的動線規劃，即便沒有設置開關門，還是能以高低差方式明確劃分餐廳和廚房空間。

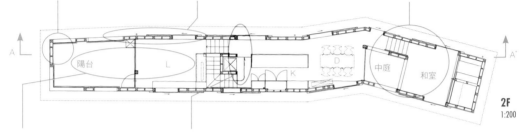

2F
1:200

些許的變化
室內空間與有屋頂和沒屋頂的室外空間連接，能提升空間開放感。

享受美景的樓梯設計
裝設在爬樓梯時能正面欣賞到櫻花樹借景的窗戶。

身心放鬆的空間
打造了沿著房屋基地形狀往來的「屋內狹窄走道」，能通往室內空間的最底端。並刻意將開口壓低，展現出較低調的北鐮倉建築風格。

底端的臥室
在「屋內狹窄走道」中途設有中庭設計，藉由中庭前方與走道的角度變化，就不會在大廳直接看到最底端的臥室門。

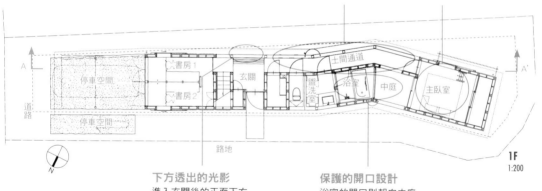

1F
1:200

下方透出的光影
進入玄關後的正面下方設置有地窗，呈現光線與陰影的變化。

保護的開口設計
浴室的開口則朝向中庭設置在高處，即便面向走道，也能安心泡澡。

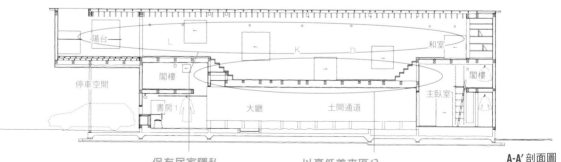

A-A' 剖面圖
1:200

建地面積／200.00 ㎡
總樓地板面積／100.78 ㎡
設計／acaa（岸本和彥）
名稱／北鐮倉的住家

保有居家隱私
避免讓其他人從外部看見家中的一舉一動，考量到行人的活動路線，審慎地更改了開口的高度與大小。

以高低差來區分
需要長時間站立活動的 DK（中央）地板高度較高，並降低兩端的地板高度，利用地板高度的變化來區分這兩個空間。

1 外部與室內連接的舒適住家

2 寬敞舒適的住家

3 採光通風良好的舒適住家

4 可遠眺絕美風景的住家

5 多代同堂・出租合併住宅

011

緊鄰交通擁擠的道路，室內空間和大自然融為一體

003

　　沒有設置玄關引道，進入玄關會先被土間通道盡頭的水池折射光線所吸引，上來客廳後會看到充滿綠意的木造露台和寬敞的挑高開放式空間，讓人感覺身心舒暢。將光線十分足夠的陽台前三道木門打開，就能搖身一變為外部空間。不管是風聲、光線的移轉、樹葉的摩擦聲，或是蟲鳴鳥叫等大自然的聲響，都能透過挑高空間傳送至整棟建築，室內室外相互融合成一體空間。

房屋相關資訊
家族成員：夫婦＋小孩2人（幼童）
土地條件：建地面積216.15 ㎡
　　　　　建蔽率 60% 容積率 100%
　　　　　很久以前就已經開發的住宅區，地處面向道路交通量大的道路轉角，東側土地高度約有1.5 ㎡高。

屋主提出的要求
• 新潮的外觀以及明亮的內部空間
• 光線足夠的開放式客廳
• 採光通風性佳，保護住家隱私

挑高和水池
都沒發揮效用

封閉空間
除了床鋪外雖然還有其他可供放鬆的空間，但是過於封閉，需要設置與1樓木造露台連接的陽台空間。

缺乏互通性的挑高
雖然是寬敞的挑高，但由於和2樓各個房間的連結性不佳，導致家人之間的溝通困難。

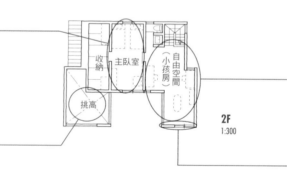

2F
1:300

距離太近
進入主臥室前要先經過小孩房，就算是親子也需要保持某種程度的距離感，這樣的格局規劃在之後要隔開房間時也不太容易。

無法避免旁人視線
開口處設置在房屋的南側，和鄰居距離太近，可能會對住家隱私造成困擾。

封閉的浴室空間
面向道路導致浴室呈現閉鎖式狀態。

只能算是個集水處？
都特別規劃出水池造景了，但由於和房屋的開口處距離太過遙遠，照射在水面上的陽光折射無法傳達至室內空間，木造露台是唯一能感受到此處大自然變化的地點。

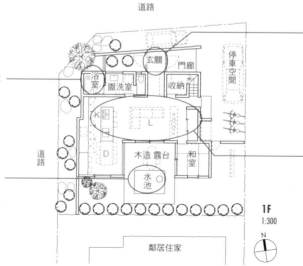

完全被透視
進入玄關會直接看到客廳，希望能夠改善。

了無新意
平面且單調的空間規劃。

1F
1:300

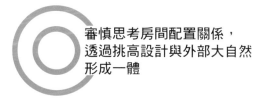

審慎思考房間配置關係，
透過挑高設計與外部大自然
形成一體

建築物外觀

從廚房所看到的客廳和木造
露台的連續空間，推開木門
就成為全開放式空間，客廳
直接和露台相連，正前方是
為了遮蔽他人視線所種植的
小葉青岡樹叢。

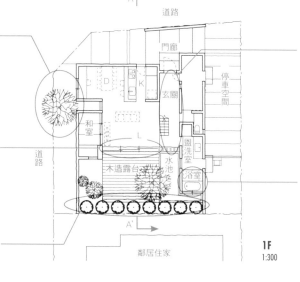

2F 1:300

1F 1:300

A-A' 剖面 1:200

與1樓連接
在小孩房兩方都設有挑高，
增加與樓下的互動。即便將
來要將小孩房重新劃分，兩
邊也都有各自的挑高空間。

長青植物
種植在道路旁的山櫻花，春天
時會全部綻放，等到樹葉轉紅
或是掉落時，則又是另一番季
節感，成為街道上任人欣賞的
景觀植物。

置身於大自然
將3道木門打開後，客廳與外
部會連接成一體，挑高則是能
將寬敞效果傳導至整體空間，
感覺居住在大自然裡。

樹叢的魅力
小葉青岡樹的樹叢堆，不但可
以阻絕外頭視線而保有住家隱
私，還能作為庭院景觀裝飾，
將自然帶入室內環境。

光線照射
透過天窗所照射下來的直線光
線，上方的照射光線與下方的
彈射光線交錯，讓空間產生層
次變化。也能帶動下層空氣往
上走，促進空氣的流通。

貫穿室內的土間通道
直線的土間通道空間，一進
到玄關目光線就會被水池所
吸引，再加上衛浴設備與
LDK的劃分得宜，讓整體空
間保持協調。

療癒身心的浴室
緊鄰水池的浴室可紓解一整
天的疲憊。

一連串的保護措施
在一旁設置牆面，保護住家
隱私，與樓下的木造露台連
接，確保上下樓層的溝通順
暢。

建地面積／216.15㎡
總樓地板面積／115.11㎡
設計／MENIERA建築設計事務所（大江一夫）
名稱／I邸

004 2樓有放鬆中庭設計的 開放式住家

　　住家周邊是自古以來的漁夫鄉鎮，房屋都是比鄰而居，謹守庭院與街道緊鄰的不成文規定，不會以樹叢或圍牆來劃分區域。因此住宅的隔間勢必要採用緣廊面向街道的規劃方式，所以將明亮的緣廊設在南側，家人活動的區域則是在2樓的LDK。設計出展現家人間感謝與重視溝通的住宅空間，日後將會在這個多樣貌的城鎮中日漸茁壯。

房屋相關資訊
家族成員：夫婦＋小孩2人
土地條件：建地面積167.97㎡
　　　　　建蔽率60% 容積率200%
　　　　　2m寬土地連接道路的旗杆式建地，地處
　　　　　為漁夫城鎮，庭院和街道緊密連結，打
　　　　　造出沒有外地邊界圍牆的住家環境。
屋主提出的要求
• 有自然風吹撫，具備冬暖夏涼特性
• 保護住家隱私的設計
• 壓低花費、搭建期為1.5年等

生活空間太陰暗，
小孩房過大

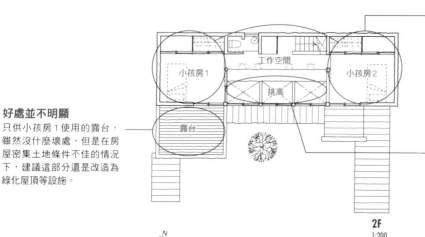

空間過大
與1樓的臥室大小相比，小孩房的空間似乎過於寬敞，適合將LDK規劃在環境良好的2樓。

好處並不明顯
只供小孩房1使用的露台，雖然沒什麼壞處，但是在房屋密集土地條件不佳的情況下，建議這部分還是改造為綠化屋頂等設施。

浪費了挑高空間
或許可思考與樓梯共建等其他能有效利用空間的設計。

2F
1:200

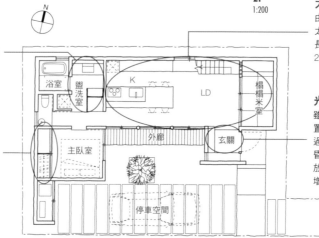

大規模改裝
由於四周都被房屋包圍，不太會有陽光照射，應該將需長時間使用的LDK空間設在2樓。

盥洗乾溼分離
希望按照以往的活習慣，將盥洗室和更衣間分開。

收納空間不足
主臥室的收納空間小，希望可增加至2倍大面積。

光線更充足
雖然很滿意朝東的玄關位置，但由於和鄰居住家距離過近，光線無法透入而顯得昏暗，希望玄關能更明亮開放，土間要設有工作桌，並增加收納空間。

往道路→

1F
1:200

◎ 將LDK設置在2樓，打造出光線充足的生活空間

站在挑高處往下看，從南側大開口照射進來的光線，透過挑高傳導至1樓。

從2樓的榻榻米多用途空間往LDK方向看，草坪、緣廊、榻榻米、地板的排列變化，感覺住家環境煥然一新。

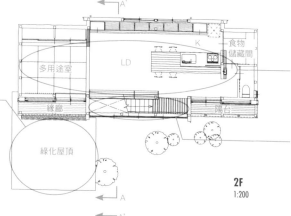

更寬敞
綠化屋頂露台成為有草坪的屋頂庭院園，向外延伸的屋簷則能擴大綠化面積。搭配屋緣廊空間，打造出令人放鬆的庭院環境。

完全開放！
全面開放式的2樓LDK空間，多用途的3坪大榻榻米室，設有緣廊的屋頂綠化景觀則會讓人保持心情愉快。

樓梯兼緣廊兩用
緣廊書房上方設有樓梯，可作為挑高使用，規劃出明亮開放的樓梯動線。

盥洗乾溼分離
按照屋主要求盥洗室和更衣間分開，使用上更方便。

面積調整
因為增加了收納性設計，房間只能用來睡覺，室內面積也縮減許多，利用剩餘空間作為其他用途使用。

具備一定的收納量
臥室內設有固定式衣櫃，約有2坪大，增加不少收納容量。

保有緣廊功能
在土間式玄關增設工作桌和鞋櫃，走道動線會經過緣廊書房，可有效拉長客廳的空間延展性。

2F
1:200

多用途室
K
LD
食物儲藏間
緣廊
陽台
綠化屋頂

1F
1:200

浴室
盥洗室
更衣間
小孩房
小孩房2
鞋櫃
緣廊書房
玄關
門廊
外廊
主臥室
衣櫥
停車空間
往道路

N

隔熱效果良好
屋頂綠化景觀能吸收夏天的折射光線，達到室內隔熱降溫效果。

更環保！
在南側設置巨大開口，接收日照光線，所有的生活空間都以營造陽光與自然風的冷暖交互作用環境為優先考量。

綠化屋頂
LD
緣廊書房
小孩房1

建地面積／167.97㎡
總樓地板面積／125.86㎡
設計／瀨野和廣＋設計工作室
名稱／漁町永家

A-A′剖面
1:200

005 適度阻擋外來視線，分散在庭院與庭院之間的住家空間

　　有3個方向都被散步道路或是道路所包圍，因此將如何保護住家隱私作為格局規劃的一大重點。善用寬廣的土地面積，適度遮蔽周圍的視線，特別設計出不特定用途的房間，以及隨意分散在5處的庭院。分散在庭院間的相連房間，只要將每個房間的開關門打開，便可將中庭景色納入成為一個寬廣空間，是能夠享受土地本身優點的設計方式。

房屋相關資訊
家族成員：夫婦
土地條件：建地面積306.40 ㎡
　　　　　建蔽率 50% 容積率100%
　　　　　位於安靜住宅區內的寬敞建地，除了房屋的東北側以外的3個方向都有登山步道等經常會有行人路過的道路。
屋主提出的要求
• 放鬆舒適的住家空間
• 增設無障礙空間
• 提升空間收納量

✕ 沒有遮蔽來自散步道路的外來視線

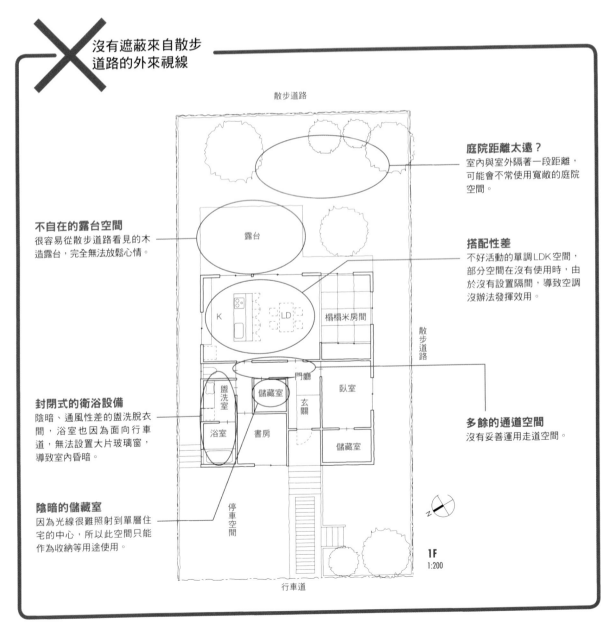

不自在的露台空間
很容易從散步道路看見的木造露台，完全無法放鬆心情。

庭院距離太遠？
室內與室外隔著一段距離，可能會不常使用寬敞的庭院空間。

搭配性差
不好活動的單調LDK空間，部分空間在沒有使用時，由於沒有設置隔間，導致空調沒辦法發揮效用。

封閉式的衛浴設備
陰暗、通風性差的盥洗脫衣間，浴室也因為面向行車道，無法設置大片玻璃窗，導致室內昏暗。

多餘的通道空間
沒有妥善運用走道空間。

陰暗的儲藏室
因為光線很難照射到單層住宅的中心，所以此空間只能作為收納等用途使用。

散步道路　露台　K　LD　榻榻米房間　散步道路　盥洗室　儲藏室　門廳　臥室　浴室　書房　玄關　儲藏室　停車空間　行車道

1F
1:200

適度遮蔽外部視線，
透過5個庭院空間
迎來陽光和微風

從有書櫃的房間內往
DK方向看，右側是
石材堆疊的庭院，左
側是白色碎石鋪成的
庭院，通往個房間的
走道則是夾在兩個庭
院之間。

可供休憩的外部客廳
剛好能遮蔽外來視線的木製
露台庭院，搖身一變成為與
戶外連接的客廳空間。

多功能的牆壁
北側的牆壁不但能阻絕鄰居
視線，還能幫助光線反射，
讓室內保持明亮。

光線充足的衛浴設備
經常會囤積溼氣的盥洗室面
向中庭，並設有大落地窗，
打造出既明亮又通風的空間。

享受多樣化的庭院造景
5個不同類型的庭院分散在
各處，室內每個地點都能欣
賞到庭院美景。

因應狀況隨時改變
將開關門打開就成為一個寬
敞空間，可依照用途決定開
門還是關門，空間變動性
高，同時能提升空調效果。

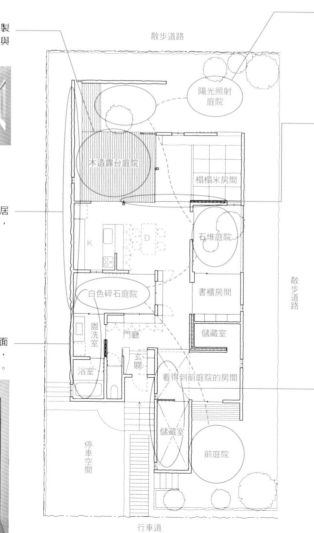

散步道路

陽光照射庭院

木造露台庭院

榻榻米房間

石堆庭院

K

D

白色碎石庭院

書櫃房間

盥洗室

門廳

儲藏室

浴室

玄關

看得到前庭院的房間

停車空間

儲藏室

前庭院

散步道路

行車道

1F
1:200

建地面積／306.40㎡
總樓地板面積／96.64㎡
設計／中野工務店
名稱／擁有5個庭院的單層住宅

往屋頂的通道
在大型儲藏室上方的閣樓設
有通往屋頂上方的開關門，
方便清潔打掃。

006 擁有教室和寬敞車庫，LDK與中庭連接的住宅

　　能作為插花教室的水泥地空間為必要條件，教室和客人用和室等公共空間，與LDK等私人空間能有一定的距離，各個空間也都能看到中庭的景色。在與屋主討論後才決定了周邊環境緊密連結的公共空間，以及私人空間的配置方式。藉由車輛的縱向停放方式，營造出空間與空間的連結性。

房屋相關資訊
家族成員： 夫婦
土地條件： 建地面積315.22㎡
　　　　　建蔽率60% 容積率200%
　　　　　位在距離車站很近的住宅區，南側與道路連接，土地有點傾斜，親人就住在隔壁。

屋主提出的要求
- 有可作為教室的土間空間
- 能夠供客人住宿的和室，以及之後念佛的房間
- 可停放3台車大小的車庫
- 獨立式廚房設備

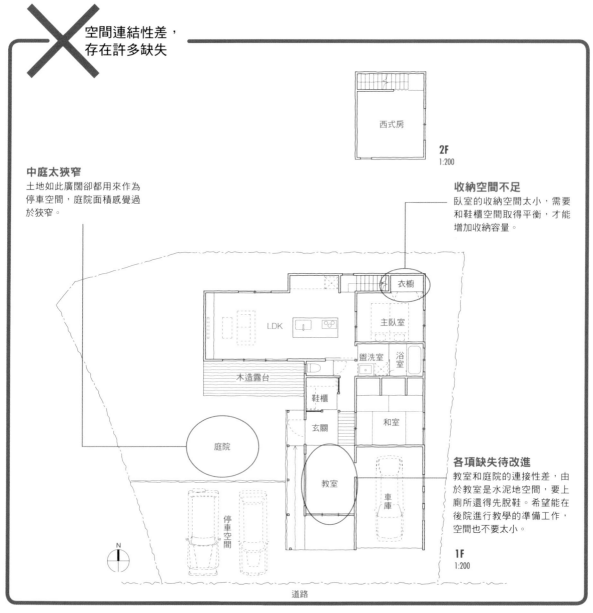

✕ 空間連結性差，存在許多缺失

中庭太狹窄
土地如此廣闊卻都用來作為停車空間，庭院面積感覺過於狹窄。

收納空間不足
臥室的收納空間太小，需要和鞋櫃空間取得平衡，才能增加收納容量。

各項缺失待改進
教室和庭院的連接性差，由於教室是水泥地空間，要上廁所還得先脫鞋。希望能在後院進行教學的準備工作，空間也不要太小。

2F 1:200
西式房

1F 1:200
衣櫥
主臥室
盥洗室
浴室
LDK
木造露台
鞋櫃
玄關
和室
庭院
教室
車庫
停車空間
道路
N

以庭院為中心
營造整體的連結感

左：從停車空間往教室方向看，
右側是擁有LDK空間的屋主居住
建築，有庭院圍繞。
右：挑高的LDK大空間，堅固的
手作餐桌與廚房相連。

從教室內看去的玄關，正面可看
見鞋櫃，左側底端是寬敞的LDK
空間。

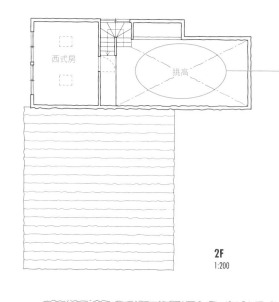

大空間的開放性
包括不像是木造的大範圍挑
高在內，且設有大開口處的
LDK，整體空間感覺非常寬
敞開放。

足夠的收納容量
臥室的角落有固定式櫥櫃，
可增加收納容量。

縱向停放
可停放3台車大小的停車空
間，車子都是以縱向停放，這
樣的規劃方式可讓建築物與庭
院自然銜接。

2F
1:200

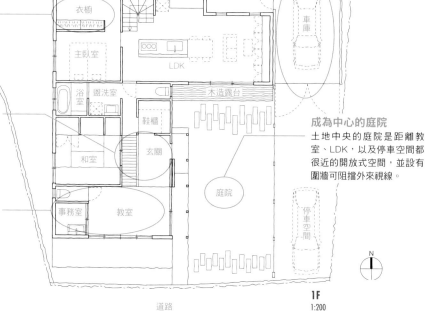

位於中心的玄關
寬敞的玄關位在住家的中心
位置，面向教室、生活空
間，以及庭院。長型木板的
走道為連結生活空間與教室
的橋樑。

成為中心的庭院
土地中央的庭院是距離教
室、LDK，以及停車空間都
很近的開放式空間，並設有
圍牆可阻擋外來視線。

寬廣的空間
教室是距離道路很近的寬廣
空間，並設有可直接穿鞋進
入的廁所和後院，還能直接
看到中庭。

建地面積／315.22㎡
總樓地板面積／124.41㎡
設計／JOB
名稱／&（ampersand）

道路

1F
1:200

007 善用錯位技巧規劃空間，將陽光、微風與綠意帶進室內

在搭建房屋時，照理論應該將建築物與土地界線設為平行狀態，但還是想讓光線照射進屋內，所以希望房屋能面向南邊。一旦規劃出與土地界線和道路無相關的建築物位置，便能好好利用沒有用途的空曠建地，將其當作是植栽與感受住宅內部距離的庭院。因為規劃出適當的距離感，而讓房屋各個方位都達到通風，以及適度阻絕鄰居視線的效果。

> **房屋相關資訊**
> 家族成員： 夫婦＋小孩2人（小學生＋幼童）
> 土地條件： 建地面積184.82 ㎡
> 　　　　　 建蔽率 40% 容積率 100%
> 　　　　　 靠近海邊位於安靜住宅區內的超挑高建築，在道路交接處的土地出現約1m的高低差。
>
> 屋主提出的要求
> ● 與木造露台連接的開放式客廳
> ● 可從室外直接進出的衛浴設備
> ● 讓客人喜歡造訪和留宿的住家環境
> ● 擺放衝浪板的空間

✕ 浪費了與鄰居住家相連的土地空間

使用不方便
在狹窄房間內採用推門，開門的佔用空間比想像中大，使用上很不方便。

無法使用
即便在共用區域設置桌子，當作是「讀書空間」，但還是很少會使用到這個動線規劃不佳的空間。

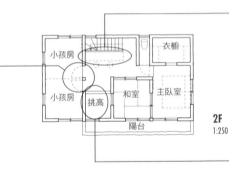

小孩房　衣櫥
小孩房　挑高　和室　主臥室
陽台

2F
1:250

無任何效果
雖然一定要有的玄關門廳上方的挑高空間，但由於沒有採用良好的銜接方式，很容易淪為天氣冷時用來燃燒煤炭的煙囪狀空間。

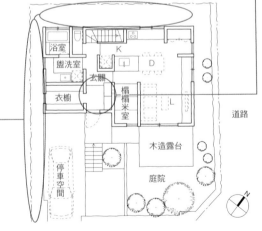

浴室　K　D
盥洗室
玄關
衣櫥　榻榻米室　L
道路
木造露台
停車空間　庭院
道路

完全沒好處
非常普通的規劃方式，因為和鄰居住家離很近，沒辦法隨意開窗，條件惡劣的狹長土地也無法栽種植物，導致通風效果差。

1F
1:250

空曠土地用來栽種植物，各個方位都感覺舒適的住家

從廚房內部往客廳方向看。位在北側的DK空間感覺明亮，能一眼看到窗外的植物景觀，客廳上方的挑高則會讓空間更顯寬敞。

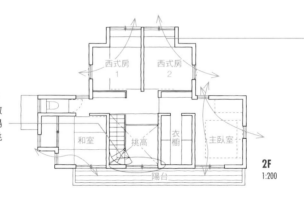

採光良好的大片玻璃窗
延伸至天花板的挑高開口，能達到在冬天日照強烈的效果，夏天則是有大塊的遮陽板阻擋陽光，也有考慮到挑高的窗戶開關與打掃問題。

西式房1　西式房2

和室　挑高　衣櫥　主臥室

2F
1:200

陽台

增加通風性
採用起居空間至少都能有2個方向達到採光、通風效果的設計方式。

土地與建築物的錯位效果
跳脫建築物須和土地界線平行的框架，不但能有更多空間用來栽種植物，還能獲得良好的採光和通風，以及遮蔽來自鄰居和道路行人視線的效果。

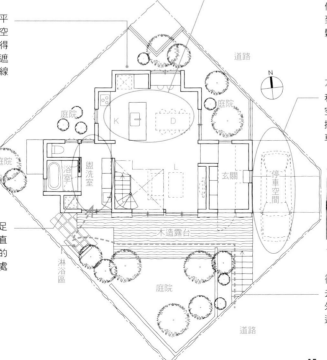

道路

庭院　庭院

K　D

庭院

盥洗室　浴室

L

玄關

停車空間

木造露台

淋浴區

庭院

1F
1:200

道路

N

舒適的DK空間
位在北側的DK能接收來自各個方向的光線，也能直接看到室外的植物景觀，是能放鬆心情的居家空間。

不必倒車的停車空間
利用一部分空地作為停車空間，和2個方向的道路銜接，捨棄需要倒車入庫的停車場設計。

位在轉角的停車空間

從室外直接進入
去海邊衝浪完，可以先在室外沖洗身上的砂土，再直接進入盥洗室。

可在室內晾衣
明亮且通風的盥洗室擁有足夠的室內晾衣空間，可以直接從室外進入，讓出去玩的渾身泥濘的孩子們能在此處先清洗乾淨。

建地面積／184.82㎡
總樓地板面積／110.58㎡
設計／北村建築工房
名稱／南風的住家

008 2樓的陽台設計營造出明亮寬敞的LDK空間

　　為解決地處住宅密集區的方法是將LDK空間設置在2樓，長時間活動的2樓空間不但要有良好的日照與通風性，還必須在使用上感覺便利。因此利用木製百葉窗板把陽台牆壁包覆住，製造出一個內部空間，這樣就能夠同時將陽光和自然風帶往LDK的一部分空間。1樓則是有大型置物櫃和土間收納區等設計，讓居家生活變得更方便。

房屋相關資訊
家族成員：夫婦＋小孩1人（幼童）
土地條件：建地面積89.33㎡
　　　　　建蔽率80% 容積率300%
　　　　　雖然位於安靜的住宅區內，但由於建築物較密集，首先要解決的就是隱私問題。

屋主提出的要求
• 明亮的客廳和餐廳空間
• 能夠招待朋友來家裡開派對
• 小孩能盡情玩耍的寬敞陽台

✕ LDK與土間的便利性不足

障礙物
樓梯需佔有一定的面積空間，由於存在感強烈，如果是設置在房屋角落，對於清洗衣物或是廚房烹飪等家事動線極為不便。

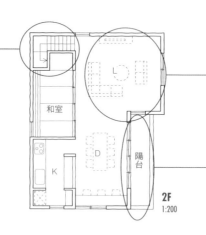

2F
1:200

要有洗手台
因為將盥洗室設置在1樓，但想讓孩子在玩耍後直接就能清洗乾淨，所以希望在2樓也能有專屬的洗手台空間。

拓寬陽台空間
無法設置庭院所以特別重視陽台外部空間，至少要有讓孩子玩耍的足夠面積。

從戶外進入的便利性
寬敞的土間空間也是屋主放置衝浪物品的地點，希望提升從戶外回到家中時的動線流暢度。

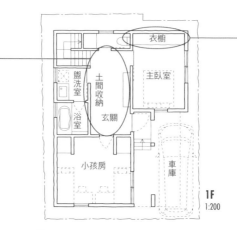

1F
1:200

衣櫥設置在別處
臥室裡設有衣櫃是基本常識，但由於受到屋主有時會晚歸等因素影響，不想在回家後打擾已入睡的妻子，希望能將臥室和衣櫥分開。

道路

實際使用時
更具效率與開放感

2樓的寬敞陽台，兩旁的牆壁和木製百葉窗板可保護住家隱私，也因此能加大客廳南側的開口部面積，成為孩子可安心玩耍的外部空間，感覺到往內延展至LDK的空間寬敞感。

樓梯奪回主導權！
樓梯移動至中央處，家事動線恢復順暢，一旁設有窗戶採光良好，融入為生活空間的一部分。

洗手台就在旁邊
利用樓梯的一部分規劃出面積不大的洗手區，小孩不必特地下樓能就近洗手。

室內室外都保持明亮
小孩可隨意在安全且寬敞的長條狀陽台空間遊玩，餐廳的大片玻璃窗讓內外形成一體，南側的照射光線可穿透到廚房。

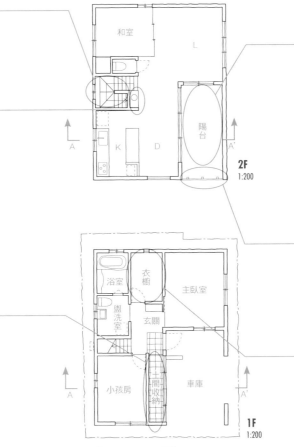

2F
1:200

不必在意他人視線
避免接觸到戶外行人視線，在鄰近道路的一側設有較高的木製百葉窗板，不用害怕隱私曝光線，而且通風良好。

與玄關分開
從車庫就能走進收納區，有足夠擺放長條狀衝浪板的空間大小，不必經由玄關能直接進入放置物品。

放心更換衣物
臥室和衣櫥分開，即便夫妻就寢時間不同，也不用小心翼翼換衣服。而且採用全家共用的衣櫥設計，就不需要另外的收納空間。

1F
1:200

道路

高處也有光線透入
經常出入的陽台一側，裝有開關不同方向的落地窗與天窗，使光線能穿透至室內。

A-A' 剖面圖
1:200

建地面積／89.33㎡
總樓地板面積／114.73㎡
設計／KURASU
名稱／鵜木的住家

009 直達屋頂的環繞立體感，空間廣闊的單層式住宅

　　周遭住宅林立的私人土地，起居空間被4坪大的中庭所包圍，為兩者融合為一體空間的單層住家。環繞式的設計方式，與寬敞作為玄關使用的土間，以及和起居空間以拉門連接的和室，能因應生活中各種用途使用。透過種滿植物的屋頂吹進屋內的自然風，在進入中庭後會傳導位在北側的天窗地帶，不必使用太多的能源，就能擁有舒服的住家空間。

房屋相關資訊

家族成員：夫婦＋小孩3人
土地條件：建地面積172.53㎡
　　　　　建蔽率50% 容積率100%
　　　　　被住宅與多代同堂住宅所包圍的旗杆式土地，有些許的高低落差。

屋主出的要求
- 要有能飼養熱帶魚的寬敞空間
- 有菜園與中庭
- 光線充足的住家環境
- 以舒適生活空間為優先考量，不必有太多設備裝置

X **各個房間的互通性差，中庭狹小**

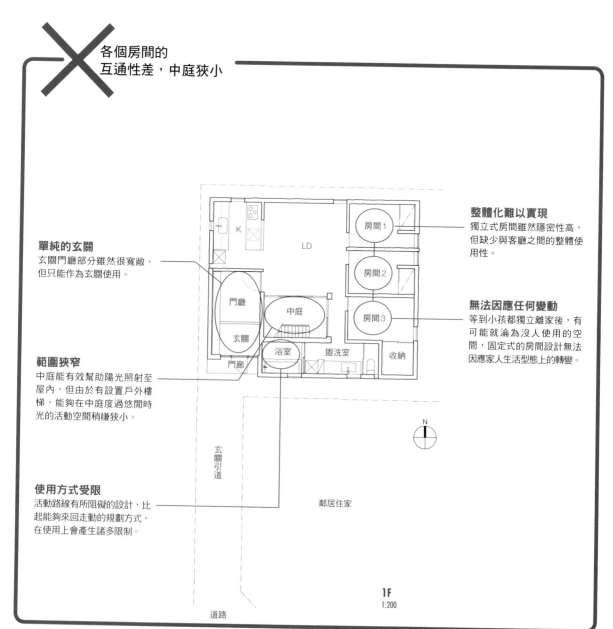

單純的玄關
玄關門廳部分雖然很寬敞，但只能作為玄關使用。

範圍狹窄
中庭能有效幫助陽光照射至屋內，但由於有設置戶外樓梯，能夠在中庭度過悠閒時光的活動空間稍嫌狹小。

使用方式受限
活動路線有所阻礙的設計，比起能夠來回走動的規劃方式，在使用上會產生諸多限制。

整體化難以實現
獨立式房間雖然隱密性高，但缺少與客廳之間的整體使用性。

無法因應任何變動
等到小孩都獨立離家後，有可能就淪為沒人使用的空間，固定式的房間設計無法因應家人生活型態上的轉變。

（圖中標示）K、LD、房間1、房間2、房間3、門廳、中庭、玄關、門廊、浴室、盥洗室、收納、玄關引道、鄰居住家、道路、N

1F
1:200

利用拉門呈現
室內室外的一體性

從中庭所看到的LD空間與
房間，明顯看出兩者連接的
整體性，2個房間地板都有
架高，可供坐下休息使用。

門廊與玄關，稍微能看到的
右側開關門，則是能通往位
於另一邊的浴室入口。

A-A' 剖面圖
1:200

房屋中心
4坪大的中庭位於住家的中
心，在使用上與客廳形成一
體，陽光能穿透中庭照射到
客廳。

一體性的使用
同時可作為臥室使用的和室
與客廳藉由拉門連接，房間
與客廳成為一體，在使用上
更方便。

能隨情況變化
房間1與房間2可隨著小孩
的成長劃分區域。

現在是水族館
玄關有寬敞的土間，可從事
許多活動。現在則是用來擺
放大水槽，飼養熱帶魚。

可反方向進入
能夠從這道門進入家中，浴
室外就是曬衣場，洗衣機在
盥洗室內，洗好衣服可立即
晾乾。滿身泥濘的孩子們也
能先在另一邊的浴室入口先
清洗乾淨後再進家門。

客廳的一部分
不僅只是走道，還可作為客
廳一部分來使用的門廳空間。

自在不受拘束
可自由來回走動的規劃方
式，能自由從事日常生活中
的各種活動。

K
LD
房間1
房間2
土間
中庭
盥洗室
收納
門廊
浴室

玄關引道

鄰居住家

道路

1F
1:200

N

建地面積／172.53㎡
總樓地板面積／81.98㎡
設計／荒木毅建築事務所
名稱／CH12

010 擁有南側庭院 與正統和室空間的住家

屋主夫婦都有在工作，希望打造出讓客人享受聚會時光的住家設計。在173坪大的開放寬敞的土地上，搭建出格局不大的小型住宅，內部以開放式設計拓展空間感。特色在於旅館等級的玄關門廳，寬廣的土間也設置有能眺望室內庭院造景的窗戶。讓客人方便穿脫鞋的單階橫木台，以及非刻意的和室隔間等設施，都是屋主以善待訪客為優先考量的格局設計。

房屋相關資訊
家族成員：夫婦
土地條件：建地面積595.00㎡
　　　　　建蔽率60% 容積率200%
　　　　　位於安靜住宅區內的寬廣土地，南側與道路連接，東側則設有用水裝置。
屋主提出的要求
* 獨立感的正統和室設計
* 能在庭院活動的設計
* 玄關有能夠收納個人嗜好物品的空間
* 在家工作能使用的多用途空間

✕ 無用的預留空間

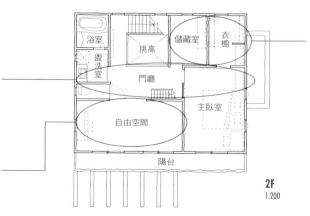

似乎不需要⋯⋯
向屋主提出在2樓上方的寬敞閣樓設置收納區的想法，但對方表示應該不需要而遭到否決。

無用空間
提議此空間或許能作為可劃分的小孩房，但是考慮到之後的狀況改變，此自由使用空間當下似乎沒有用處。

以方便使用為優先考量
緊鄰的儲藏室與衣櫥，兩者若能合而為一，使用起來會更方便。

2F
1:200

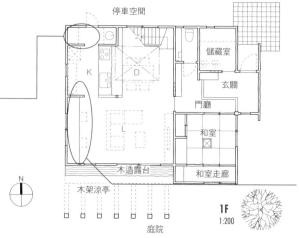

自己決定餐具收納方式
有詢問是否要在廚房一側設置餐具櫥櫃，但屋主表示想自己決定，先規劃為自由使用區域即可。

更開放的空間
此空間可作為家人聚在一起時的讀書空間，屋主表示希望將桌子從1樓移到2樓，讓空間變得更開放。

1F
1:200

徹底發揮
房屋南側優點

上：和LDK分開的1樓和室，有完整的泡茶設備等裝置，屬於很正統的和室設計。下：建築物南側外觀。

1樓的LDK，用來作為樓梯的挑高空間，能夠將從南側光線和自然風帶往1樓北側。不佔空間的長條狀樓梯設計，讓樓梯下方保持明亮狀態。

南側光線可透入
將樓梯設置在連接LD與2樓門廳的挑高處，由於位在房屋的南側，所以陽光可照射到1樓內部且通風效果良好。

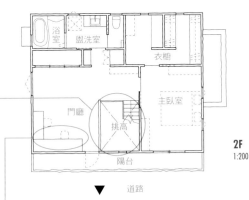

2F
1:200

▼　道路

大容量收納
玄關土間的大容量直接收納區，不必怕弄髒房間，為滿足屋主興趣的設計巧思。

**做飯或工作時
都能看見庭院**
希望在廚房或坐在工作桌前都能看見庭院景觀，為達成屋主的心願，特地將廚房和工作桌改為面向南側，在做飯或是工作時都能欣賞到庭院景色。

旅館水準的玄關設計
讓訪客能輕鬆穿脫鞋的L型橫木台，並裝設有能眺望庭院景觀的窗戶。

標準規格的和室！
可盡情享受泡茶或插花時光的和室，空間雖不大，但暖爐、泡茶設備和地窗都一應俱全，與其他房間有些距離，讓訪客能自在使用。

N

建地面積／595.00㎡
總樓地板面積／134.01㎡
設計／OZAKI建設
名稱／大治的家

1F
1:200

能和愛犬在木造露台玩耍，發揮傾斜地特性的房屋

　　兩旁都有3樓獨棟住家，後面則是有高擋土牆的傾斜土地。和道路之間的高低差達3.2m，由於停車棚的部分無法改建，再加上原有土地為長方形狀，就必須採用L字建築的規劃方式。屋主也完全了解有關傾斜土地的特色，希望能規劃出欣賞風景的2樓LDK空間，以及停車棚上方的木造露台等空間，多數意見都還是以增添生活樂趣為主，所以在規劃時會特別著重於如何讓住家散發多重魅力的設計方式。

> **房屋相關資訊**
> 家族成員：夫婦＋（將來）小型犬
> 土地條件：建地面積115.47㎡
> 　　　　　建蔽率60% 容積率100%
> 　　　　　長方形的傾斜土地，高低差達3.2m，
> 　　　　　由於停車棚的關係，只能針對建築物L
> 　　　　　字的部分進行整建。
> **屋主提出的要求**
> • 2樓的LDK
> • 停車棚上方為木造露台
> • 隱密性高的書房、玄關土間等

✕ 過於普通單調的設計

無法欣賞風景
從室內空間往外看，視野最好的方向會有道牆壁直接遮蔽住視線，而無法好好眺望美景。

只供通行
由於是只有房間的樓層，所以樓梯與走道必定只能作為通行使用，因此希望能將2樓傾斜地的優點發揮，像是將景觀納入視野範圍等較用心的規劃方式。

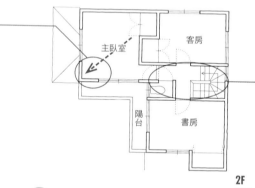

2F
1:200

景觀視野差！
雖然房屋高度比前方道路高3m，但還是會被對面住家的屋頂遮蔽部分1樓的視線。LDK通常是日常生活中會待最久的空間，應該將設計重點優先放在如何發揮土地特色上。

單調的玄關設計
既不寬敞也不明亮，只能算是穿脫鞋的空間。

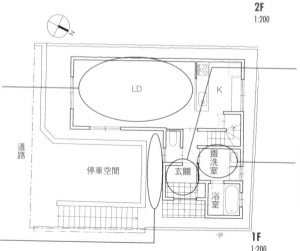

1F
1:200

有何作用？
無法讓室內空間產生延展性的戶外細長空間，不只是室內需要格局規劃，包括周邊環境在內的戶外，也是可以利用的空間範圍。

為何需要拓寬？
沒經過仔細思考就希望加大盥洗脫衣室面積，由於法規已規定可使用的上限，所以會針對成效不彰的部分作修改。

利用高低差打造出視野良好、日照充足且通風的住家環境

營造舒適感空間

在南北向長形房間的北側設置開口，藉由高低差達到通風等效果，並設置挑高發揮住家空間的物理特色。由於受到兩邊鄰居住家的遮蔽影響，比較沒有陽光照射，為營造空間舒適感，挑高就成為必備設施。

享受美景

以最小限制的構造搭建出最適合眺望風景的區域，將斜坡地的優點發揮到極致，讓經常駐足的LDK空間扮演好它的角色。

連接玄關的木造露台

1樓的生活型態

「狗窩房」是特別搭造的小狗屋，玄關木門是左右推拉式，平常只會使用單邊，兩道門完全推開與停車棚上方的木造露台連接，形成室內室外成一體的居家空間。不難想像屋主夫婦和小狗在1樓木造露台與寬敞土間的愉快生活情形。

2樓的LDK，左下方可看見迴轉式的連續座位區。

建地面積／115.47㎡
總樓地板面積／104.33㎡
設計／參創houtec + casabon住家環境設計
名稱／高台的家

在閣樓放鬆休息

閣樓被明亮的低天花板所包圍，有別於LDK，可以用不同的姿勢長時間眺望遠方的景色，讓昏昏沉沉的腦袋能好好休息。

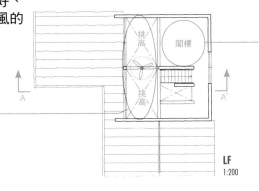

LF
1:200

自由運用的座位區

迴轉式連接的座位區，雖命名為座位區，但其實運用方式很自由。座位離地約35cm高，離窗戶邊有25cm，坐下時可將手肘靠在窗邊。因為道路的傾斜，窗戶旁的天花板高度約為2m高，再加上視野良好、傾斜式天花板、挑高等空間條件，便能呈現出整個居家環境的舒適感。

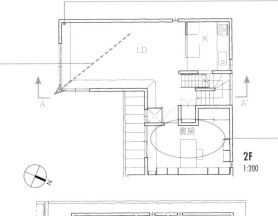

2F
1:200

正確的選擇

從屋主希望擁有的3個房間（臥室、和室、書房）中，將最常使用的房間設在最佳位置，最後選擇將書房設置在此處。

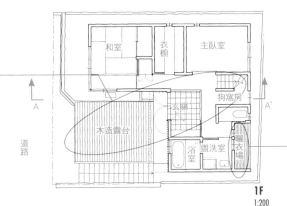

1F
1:200

更舒適的居住環境

按照屋主要求並沒有搭建室外陽台，而是在盥洗更衣間旁邊規劃了曬衣場，比起陽光照射方向，更重視家事動線的順暢度。懂得如何拿捏輕重，也是規劃住家空間時的重點所在。

A-A′剖面圖
1:200

從挑高處往下看

012 孩子們可以盡情玩耍的住家環境

屋主希望在這塊寬敞方正的土地上，搭建可供孩子們快樂成長，擁有連續性空間的開放式住宅。屋主提出耐震性佳、使用自然建材，以及可作為客房使用的和室與書房等多樣化需求，於是規劃出符合要求，並以增進家人情感互動為優先的設計方式。改良後的設計是以廚房為中心，規劃出環繞式動線，同時強調和室到庭院的空間延續性，並設置挑高改善往上的視線範圍，可說是極具巧思的住家規劃方式。

房屋相關資訊
家族成員：夫婦＋小孩2人（小學生＋幼童）
土地條件：建地面積199.35㎡
　　　　　建蔽率50% 容積率80%
　　　　　位於安靜的住宅區內，接近正方形的土地，西側連接道路
屋主提出的要求
• 可隨時留意小孩動向的住家空間
• 將來可自由變動的住家格局設計
• 讓孩子們快樂成長的居家環境
• 和室、耐震性、自然建材、書房、挑高設計等

✕ 房間的獨立性高，小孩活動路線受限

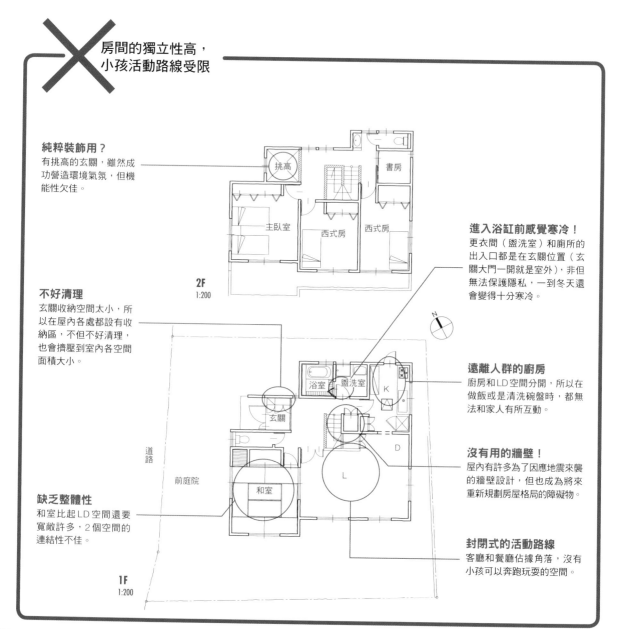

純粹裝飾用？
有挑高的玄關，雖然成功營造環境氣氛，但機能性欠佳。

不好清理
玄關收納空間太小，所以在屋內各處都設有收納區，不但不好清理，也會擠壓到室內各空間面積大小。

缺乏整體性
和室比起LD空間還要寬敞許多，2個空間的連結性不佳。

進入浴缸前感覺寒冷！
更衣間（盥洗室）和廁所的出入口都是在玄關位置（玄關大門一開就是室外），非但無法保護隱私，一到冬天還會變得十分寒冷。

遠離人群的廚房
廚房和LD空間分開，所以在做飯或是清洗碗盤時，都無法和家人有所互動。

沒有用的牆壁！
屋內有許多為了因應地震來襲的牆壁設計，但也成為將來重新規劃房屋格局的障礙物。

封閉式的活動路線
客廳和餐廳佔據角落，沒有小孩可以奔跑玩耍的空間。

2F 1:200

1F 1:200

和室連接庭院的開放式一體空間

和室內所看到的LDK，和室、露台到室外庭院間的開放式寬敞空間，正前方落地窗上方的挑高，能把明亮光線帶入室內。

道路旁的住宅外觀

多功能的挑高空間
挑高不但能提升室內採光性，增加通風，在使用空調時還能幫忙調整1、2樓的溫差，還可拉近家人間的距離，為營造住家開放舒適氛圍作出不少貢獻。

劃分玄關空間
玄關與門廳為個別獨立空間，而挑高與客廳樓梯都有助於提升住宅的空調效果。

注重效率與空間分配
為提升收納效果而設有大廳置物區和閣樓等收納空間，規劃出不影響活動空間，便於清理的收納區。

平常就有在使用的和室
在和室外圍搭建了5道推門，內部設有可收納櫥櫃，能直接從玄關進入平時作為客廳使用的榻榻米室，也能當作客房使用。

具巧思的走道設計
挑高的連接走道可通往2樓陽台，在縷空橫木上裝設有強化玻璃，讓孩子們在走動時感覺新奇有趣。

2F
1:200

自由空間
書房
衣櫥
挑高
主臥室
陽台

互動良好的廚房
站在廚房裡不但能直接和待在LDK空間的家人溝通，還能藉由挑高與2樓空間保持互動。

1F
1:200

玄關
置物櫃
置物區
大廳
和室
浴室
盥洗室
食物儲藏間
道路
前庭院
L
K
停車空間
露台
D
庭院

室內室外一體的寬敞延伸
有木造露台連接室內空間，天氣好的時候，孩子們可以室內室外到處嬉鬧玩耍，能從廚房裡直接掌握小孩的一舉一動。

建地面積／199.35 ㎡
總樓地板面積／128.34 ㎡
設計／MagHaus・yunite
名稱／T邸

房屋內還有隱藏空間，緣廊式的往來通道設計

住宅位於邊長10m大的正方形土地上，屋內還有另一個長度約5m的小正方形空間。內側的正方形空間有主臥室、客房、2張床鋪等個別區塊，都是面向正方形地帶，且設有拉門的開放空間。內部空間分別為客廳、餐廳和緣廊通道等連續性區域，是位於室內與室外中間地帶的內部空間，與緣廊的概念相似，為外部的內部空間，算是極具日本特色的「隔間」方式。

房屋相關資訊
家族成員：夫婦＋小孩1人＋1隻貓
土地條件：建地面積500.00㎡
　　　　　建蔽率 60% 容積率 160%
　　　　　平坦且樹木林立的切割後方正土地，對附近停車場的噪音，以及來自一旁工廠的視線感到困擾。

屋主提出的要求
• 因應丈夫與妻子的活動時間不同的規劃方式
• 考慮到在家工作的心情轉換
• 有能夠讓妻子雙親住宿的客房

✕ 設計簡單俐落，但欠缺避難空間

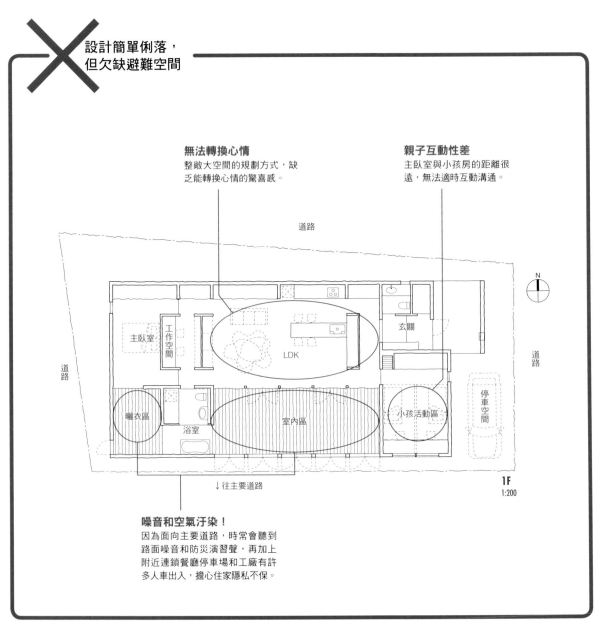

無法轉換心情
整敞大空間的規劃方式，缺乏能轉換心情的驚喜感。

親子互動性差
主臥室與小孩房的距離很遠，無法適時互動溝通。

道路

N

工作空間　主臥室

LDK

玄關

道路

道路

曬衣區　浴室　　室內區　　小孩活動區

停車空間

↓往主要道路

1F
1:200

噪音和空氣汙染！
因為面向主要道路，時常會聽到路面噪音和防災演習聲，再加上附近連鎖餐廳停車場和工廠有許多人車出入，擔心住家隱私不保。

房中房設計
保護家人隱私

左：幾乎沒隔間的LDK，從右邊的小窗可看到藍色牆面的房間是客房（臥室2）。
右：走道旁的唸書桌與小孩床鋪。

可分割區域
現在是一整個寬敞的工作區，之後可視需求劃分空間。

偽裝成功
面向自營工廠的後院，刻意不強調生活與規模感，而是呈現出工廠建築物外觀的感覺。

2F
1:200

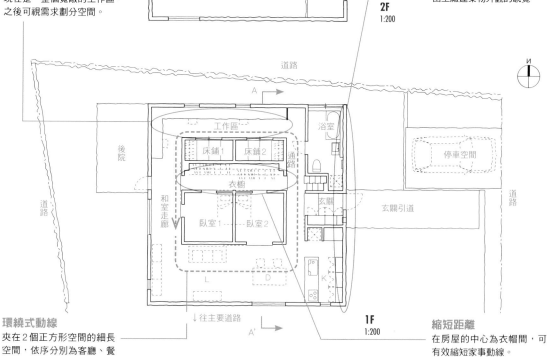

環繞式動線
夾在2個正方形空間的細長空間，依序分別為客廳、餐廳、臥室緣廊和小孩的唸書桌，方便來回走動。

1F
1:200

縮短距離
在房屋的中心為衣帽間，可有效縮短家事動線。

A-A'剖面圖
1:200

設置天窗
位於房屋中央的各個房間，都能透過天窗達到採光與空氣流通效果。

建地面積／500.00㎡
總樓地板面積／129.00㎡
設計／STUDIO 2 ARCHITECTS
名稱／BENTO

014 保護隱私的開放式住家兼事務所空間

住家兼事務所的併用住宅，以「放鬆舒適的住家」為主題，為遮蔽外來視線，只有少數面向室外的窗戶，利用中庭、陽台等設施來獲得良好的採光，呈現出從外觀看來無法想像的開放空間感。

建築物正面特別使用白色牆壁，很難讓人察覺出這是棟事務所併用住宅。室內擺放有屋主從事水上活動會使用到的衝浪板和小巧傢俱等物品，都為這棟簡單的建築物增添許多風采。

房屋相關資訊
家族成員：夫婦
土地條件：建地面積 120.01 ㎡
　　　　　建蔽率 50% 容積率 80%
　　　　　步行即可到達海邊的安靜住宅區，土地本身無高低差，前方道路狹窄車輛無法通行。

屋主提出的要求
- 事務所與居家空間分配得宜
- 保有隱私空間
- 要有寬敞的客廳與中庭

✕ 沒有善用土地優點，使用不便

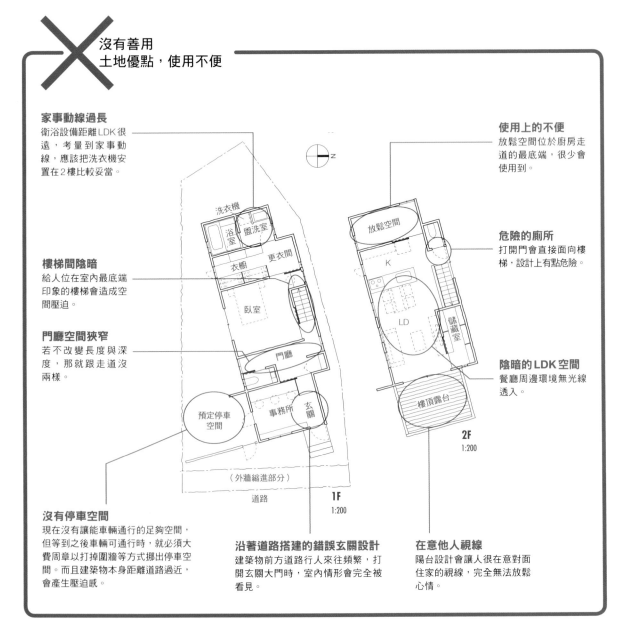

家事動線過長
衛浴設備距離 LDK 很遠，考量到家事動線，應該把洗衣機安置在 2 樓比較妥當。

樓梯間陰暗
給人位在室內最底端印象的樓梯會造成空間壓迫。

門廳空間狹窄
若不改變長度與深度，那就跟走道沒兩樣。

使用上的不便
放鬆空間位於廚房走道的最底端，很少會使用到。

危險的廁所
打開門會直接面向樓梯，設計上有點危險。

陰暗的 LDK 空間
餐廳周邊環境無光線透入。

沒有停車空間
現在沒有讓能車輛通行的足夠空間，但等到之後車輛可通行時，就必須大費周章以打掉圍牆等方式挪出停車空間。而且建築物本身距離道路過近，會產生壓迫感。

沿著道路搭建的錯誤玄關設計
建築物前方道路行人來往頻繁，打開玄關大門時，室內情形會完全被看見。

在意他人視線
陽台設計會讓人很在意對面住家的視線，完全無法放鬆心情。

平面圖標示：洗衣機、浴室、盥洗室、衣櫥、更衣室、臥室、門廳、預定停車空間、事務所、玄關、道路、（外牆縮進部分）、**1F** 1:200

放鬆空間、K、儲藏室、LD、樓頂露台、**2F** 1:200

事務所使用區域也能作為住家空間

左：1樓的中庭露台，衝浪用具成為純白空間內的裝飾品
右：建築物正面外觀，開口處為事務所空間的窗戶。

整齊的盥洗室
將洗衣機放在2樓的洗衣間，盥洗空間顯得舒適不雜亂。

寬廣的門廳
足夠的活動空間，搭配上結構式樓梯，以及能一窺中庭露台的設計，打造出明亮又寬敞的門廳。

有效率的洗衣間
洗衣間設置在廚房後方，有擺放洗衣機的空間，一旁還有能晾乾衣物的陽台，是有考慮到家事動線的配置方式。

寬敞的LDK
和樓頂露台以及和室連接，並裝設有天窗保持空間明亮。

設施完善的停車場！
將來要使用的停車空間，與道路保持適當距離，寬敞的空間能美化建築物外觀。

建地面積／120.01㎡
總樓地板面積／95.22㎡
設計／日本住研
名稱／鵠沼海岸的家

走道底端的玄關引道
可有效阻擋道路行人的視線，保護住家隱私，具備一定長度的設計方式呈現出獨特氛圍。

被包圍的中庭露台
俐落地將面向道路的一側遮蔽起來，不必在意外部視線，能夠欣賞中庭景色的放鬆場所。

隱密的和室
設置在最底端區域的和室，隱密性佳也可作為客房使用。

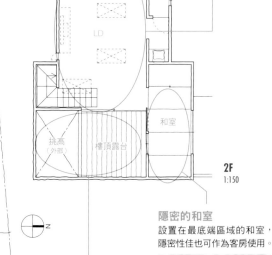

015 善用僅有的16坪土地，規劃寬廣的客廳與休閒室

位在市中心的16坪土地，只有夫婦兩人生活，希望除了一般的生活空間外，也能有享受音樂的地下室空間。若不想讓狹窄土地的容積率升高，最直接的方式就是增加地底下的面積，即便1、2樓已囊括所有的生活空間，還是在地下室增設了臥室與衣櫥，以及能享受音樂的音樂室，打造出寬闊的整體住家空間。2樓的LDK旁則有能放鬆身心的陽台設計。

> **房屋相關資訊**
> 家族成員：夫婦
> 土地條件：建地面積53.41㎡
> 　　　　　建蔽率 60% 容積率 100%
> 　　　　　位於安靜住宅區內的道路交接處，幾乎
> 　　　　　是正方形的土地，附近有國中，住家視
> 　　　　　野開闊。
> **屋主提出的要求**
> • 有效利用土地
> • 寬敞的客廳空間
> • 家人能一起聆聽音樂的地下室

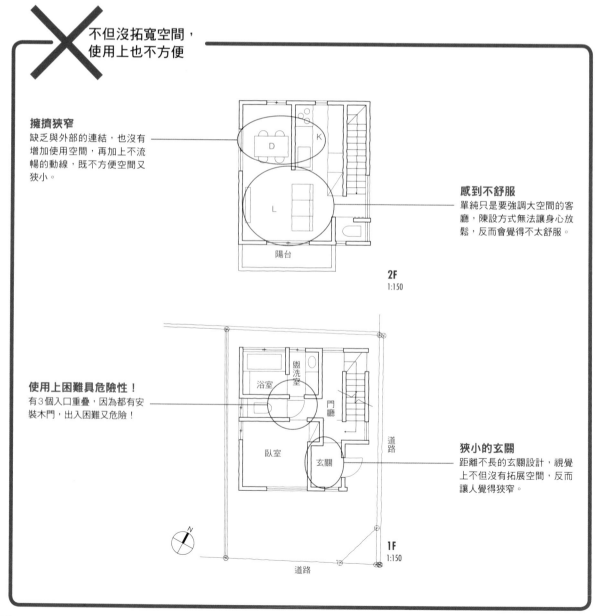

✗ 不但沒拓寬空間，使用上也不方便

擁擠狹窄
缺乏與外部的連結，也沒有增加使用空間，再加上不流暢的動線，既不方便空間又狹小。

感到不舒服
單純只是要強調大空間的客廳，陳設方式無法讓身心放鬆，反而會覺得不太舒服。

D　K　L　陽台

2F
1:150

使用上困難具危險性！
有3個入口重疊，因為都有安裝木門，出入困難又危險！

浴室　盥洗室　門廳　臥室　玄關　道路

狹小的玄關
距離不長的玄關設計，視覺上不但沒有拓展空間，反而讓人覺得狹窄。

1F
1:150

道路

利用地下空間
拓展室內寬敞度

舒適的廚房
站在廚房裡還能越過餐廳看見陽台景觀，極具開放感的配置方式。

拓展視野的轉角窗
能看到東側綠色植物的轉角窗，一打開木格窗視野就變得相當遼闊。

空間膨脹感
從房屋南側的窗戶到廚房上方，整個被傾斜式天花板所包圍的LDK，串聯各種空間的視覺膨脹設計手法，營造出寬敞且放鬆的空間。

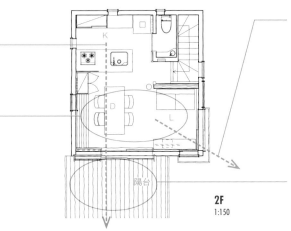

K

D

L

陽台

2F
1:150

另一個客廳
通風的陽台有設置座位區，把開關門打開就是另一個客廳空間。

感覺面積變大的玄關
雖然是狹小的空間，但是從隔間的木格窗穿透進來的光線，會讓人感覺空間變大，並裝設有高低差的橫木台來補強空間感。

上方連接
衛浴設備都擠在同個區域，藉由天花板連接方式拓展視線，打造出空間的寬敞感。

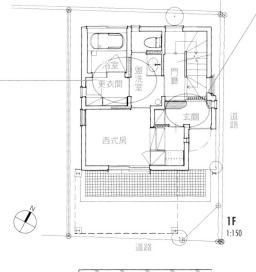

浴室

更衣間

盥洗室

門廳

玄關

西式房

道路

N

1F
1:150

道路

乾淨的地下室
在給人死氣沉沉印象的地下室溝槽有鋪上鏤空長木條，並綠化牆面，就能讓整個空間顯得生意盎然。

規劃出足夠的空間！
因為設有地下室空間，增加了房屋的使用面積，有足夠的空間能作為臥室、寬敞衣櫥和休閒室來使用。

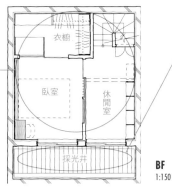

衣櫥

臥室

休閒室

採光井

BF
1:150

建地面積／53.41㎡
總樓地板面積／80.04㎡
設計／創建舍
名稱／中央的家

016 客廳和庭院相連，將來也能安心居住的高性能住宅

想要擁有能夠長久居住的房屋，須明確了解住宅架構（構造、骨架）與裝潢（內裝、設備、格局規劃）的概念。此案屋主希望之後能將1樓作為餐廳等店家經營的空間，簡單的構造裝修設計方式並不困難，呈現庭院、露台、LDK相連內外一體的1樓空間，打造出能讓幼小孩子們居住的舒適生活空間。

房屋相關資訊
家族成員：夫婦＋小孩2人（小學生＋幼童）
土地條件：建地面積164.17㎡
建蔽率40% 容積率80%
位於鄰近有共耕農園的安靜住宅區內，
寬度約2.5m的旗杆式土地。

屋主提出的要求
• 將來想把1樓作為開業餐廳等用途使用
• 招待友人的聚會空間
• 可享受縫製西服樂趣的空間等

✕ LDK與衛浴設備不方便使用

擔心地震
1、2樓的牆壁位置不整齊，恐怕無法抵擋地震衝擊力。

不能擺放傢俱？
缺少有窗戶與開關門裝置的牆面，所以房間內不太能擺放傢俱。

廁所離活動空間太近
雖然和客廳有一定距離，但大多數人還是不習慣廁所離活動空間很近的隔間方式。

冗長的生活動線
乍看會覺得室內空間極為寬敞，但由於大部分屬於通往衛浴設備與裁縫室的動線，導致活動空間變得狹窄。

廚房隱私沒有保障
踏進玄關就直接進入LDK，有客人來訪時，會直接看見位在玄關門廳正對面廚房內的一舉一動。

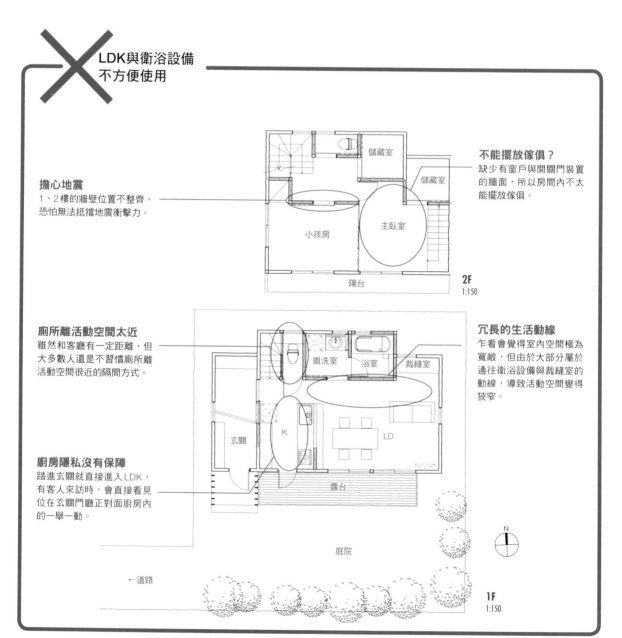

儲藏室
儲藏室
小孩房
主臥室
陽台
2F 1:150

盥洗室 浴室 裁縫室
玄關 K LD
露台
庭院
←道路
N
1F 1:150

方便的廚房往來動線

左：廚房通往用衛浴設備的
動線，盥洗室前方左側為
裁縫室。
右：與庭院相連的LD空間。

寬敞的玄關土間

A-A'剖面圖
1:150

閣樓收納

儲藏室　主臥室　陽台

K　LD

之後的小孩房間
將來可劃分為小孩房間的自
由空間，現在可作為小孩的
遊樂場來使用。

儲藏室

自由使用空間　主臥室

陽台

2F
1:150

**與活動空間分開的
廁所**
雖然還是距離很近，但
由於是位在盥洗室的往
來動線上，與活動空間
有些距離，使用上不會
感覺受到拘束。

往來方便的廚房
可以邊做菜邊欣賞庭院風
景，廚房位在住家中央的往
來動線上，使用上更加便利。

多功能區

K　裁縫室　盥洗室

浴室

玄關　LD

露台

庭院

橫向排列
採用廚房、裁縫室、盥
洗室的橫向排列配置，
更方便使用。

**視野絕佳的
泡澡空間**
浴缸設置在較低處的住
家南側，泡澡時還能眺
望庭院風景。

寬敞的玄關
以學校的鞋櫃為發想的寬敞
玄關土間設計，即便有許多
小孩的朋友來訪也沒問題。

構造裝潢
房屋骨架只有外牆的兩根柱
子，清楚劃分地基，以簡單
為主的俐落改造計畫。

建地面積／164.17㎡
總樓地板面積／89.42㎡
設計／相羽建設
名稱／國立市 谷保的家

←道路

N

1F
1:150

017 土間通道與內部庭院連接，善用土地特性的房屋

為了不浪費房屋的東北側與西南側的小空間，捨棄分散空間概念，選擇以空間相互連接方式在1樓設置土間通道，藉此串聯起1樓的各個空間。2樓則是採用跳躍式樓板設計，製造視線上的連結空隙，考慮到公共空間的距離，而將浴室設在最上層，由於位在房屋的南側，並裝有整面的玻璃窗，所以能讓陽光穿透至室內的中央位置。

房屋相關資訊
家族成員：夫婦＋小孩2人
土地條件：建地面積126.72㎡
建蔽率40% 容積率80%
斜坡上的新興住宅區，房屋土地平坦，
前方道路對面為建材放置場。

屋主提出的要求
- 無隔間的寬敞室內空間
- 不會讓摩托車被雨淋濕的停放場所
- 寬敞的玄關、浴室
- 能和附近鄰居保持良好關係的開放式住家

太強調房間設計，導致LDK陰暗封閉

無隱私的露台空間
距離鄰居住家很近，在交界處勉強設置的露台空間，不但容易受到外界影響，反而會導致樓下的LDK變得陰暗無光線。

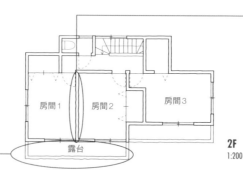

固定式的房間隔間
預定作為小孩房使用，為了年紀還小的小孩而犧牲了部分空間，要重新思考是否需要一開始就設置固定隔間。

房間1　房間2　房間3

露台

2F
1:200

狹窄無光線的玄關
位在能照射到陽光的東南側，但由於沒有設置窗戶，面積又狹小，回到家會感覺更加疲憊……。

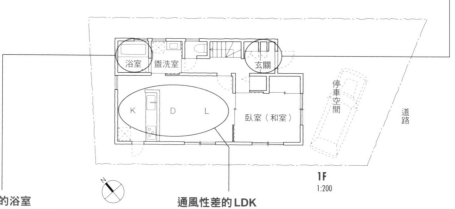

浴室　盥洗室　玄關

K D L　臥室（和室）　停車空間　道路

1F
1:200

封閉式的浴室
位於1樓北側的封閉式浴室，以家事動線而言是不錯的配置方式，但是泡澡環境還需要加強。

通風性差的LDK
被1樓外牆包圍起來的LDK，通風性不佳也不具開放感。從玄關到LDK的走廊顯得昏暗。

善用外部空間，
可自由使用房間

左：玄關。推開拉門後，土間和外部連結，室內室外成一體空間。
右：在廚房前朝客廳方向看，餐廳以跳躍式樓板與客廳相連。從最上層的天窗照射進來的光線，可透過衛浴設備的大片玻璃穿透至DK。

透光的衛浴設備
將客廳設在採光良好的位置，並排的衛浴設備則是在透光性較好的高處空間，這樣光線便能從客廳、廚房與跳躍式樓板的縫隙間穿透到達1樓空間。

2F
1:200

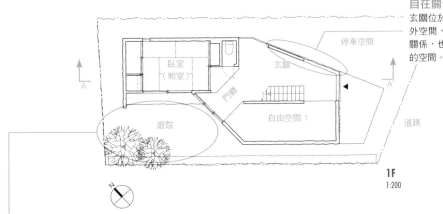

自在關係
玄關位於可自由開關的半戶外空間，能和鄰居保持良好關係，也可作為停放摩托車的空間。

1F
1:200

連接內部
在面對前方道路的土地內側設有庭院，就能和建築物內的鄰居頻繁交流。

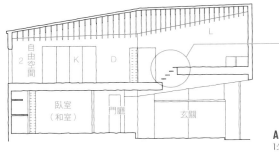

**增進家人互動
與保持通風**
地板有高低差，即便是無隔間空間也能區分出各個場所的差異，就算是待在不同樓層，還是能和家人保持互動，通風效果也很良好。

A-A' 剖面圖
1:200

建地面積／126.72㎡
總樓地板面積／94.86㎡
設計／H.A.S.Market（長谷部 勉、鈴木義一）
名稱／SOH

018 空間保持適當距離，設有中庭露台的親子住宅

　大量的收納空間，能停放2台車大小的室內車庫等，為完成屋主所提出的要求，就必須拓寬房屋地板面積，結果卻導致房屋的光線與通風性極差。所以決定在南側中央補強設置了5坪大的中庭，確保個人空間的日照，並藉由鋪設與地板相同的陽台地板，加強與室內的空間連續性。2樓客廳則是能感受到距離天花板最高達3.5m的開放感，臥室內的天花板則囊括了所有的收納空間，補足了設置中庭所失去的收納面積。

房屋相關資訊
家族成員：屋主＋父母
土地條件：建地面積117.31㎡
　　　　　建蔽率60% 容積率100%
　　　　　住宅區內切割後的方正土地，房屋的南側、西側、北側都有鄰居住家，北側有卡拉OK小吃店，直到深夜都有吵雜聲傳出。

屋主提出的要求
• 1樓給父母住，2樓是屋主活動空間
• 大量的收納空間，車庫要能停2台車的大小
• 可以看見高聳天花板裝飾橫木的客廳

✗ 整體的空間分配不佳，有失便利性

不通風
房間被收納空間和開關門隔開，通風差的封閉式空間。

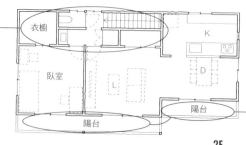

2F
1:200

不完備的陽台設計
房屋南側設有長型陽台，但由於走道空間過於細長，無法橫向移動，變成不好使用的外部空間。

比例分配不佳！
雖保有必要的活動空間面積與收納量，但各個空間的分配比例不佳，格局規劃方式不夠俐落，相連的兩間和室缺乏空間的一體性。

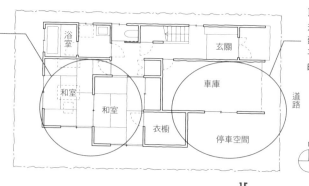

1F
1:200

車庫空間先搶先贏？
規劃出必要的收納空間後，建築物的形狀會變得凹凸不平，根本沒有能停放2台車的空間。

利用中庭
隔開個人空間

2樓的LD，沿著斜邊屋頂延伸的天花板，最高處離地有3.5m，製造出空間的開放感。透過窗戶可看到對面屋主的臥室，往下看也能清楚看見父母常活動的和室空間。中庭則是作為緩衝區，將公共空間與個人空間隔開。

戶外的房間
中庭佔地寬敞，日照充足、通風良好，還能透過窗戶欣賞室外風景，當然也能作為室內的延伸空間來使用。

大容量的收納空間
因為搭建中庭所失去的收納面積，可以從臥室天花板的閣樓收納間來補足。

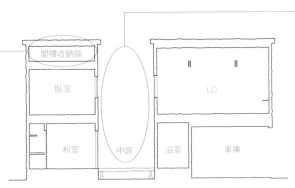

閣樓收納區

臥室

LD

和室　中庭　浴室　車庫

A-A'剖面圖
1:200

適當的距離感
屋主的臥室，與經常活動的LDK隔著中庭，保持適當的距離，讓人能放鬆心情的內部裝潢。

衣櫥

K

陽台

臥室

LD

A　A'

2F
1:200

開放的LDK
面向中庭的LDK，傾斜天花板最高點離地板有3.5m，以切割整齊的橫木作裝飾，以營造舒適居家環境為出發點的設計方式。

曬衣專用
因為有設置中庭，所以將陽台當作曬衣空間，只需要用到一小部分空間。

隔絕噪音
由於住家北側有卡拉OK小吃店，所以在北側的走道、廁所，以及收納區都備有防範噪音的設施。

和室成變身寬敞空間
父母休息時所使用的和室空間，調整2個房間的排列方向，只要推開和室門就能成為一個寬敞的空間。

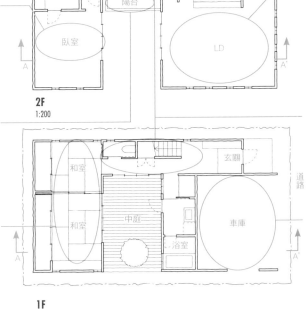

和室

玄關

和室

中庭　　車庫

道路

浴室

A　A'

N

能容納2台車！
順應屋主要求，搭建了可停放2台車大小的車庫。

建地面積／117.31㎡
總樓地板面積／139.42㎡
設計／工房
名稱／中央本町N邸

1F
1:200

019 錯位的上下樓層設計讓光線穿透，能欣賞綠色景觀的住家

　　擋土牆上的房屋建地，西側和北側則被較高的擋土牆所包圍。由於土地並不方正，如果以方格圖來規劃1樓空間，那麼房間勢必需要並排，反而會浪費部分土地空間。因此將1樓沿著土地形狀搭建，2樓則是呈現長方形狀，打造出房屋西側能欣賞景色，確保南側視線遼闊的平面設計。利用2樓與1樓的錯位，讓小庭院和天窗之間有空隙出現，可確保1樓也能有足夠的陽光照射，2樓則是藉由一旁的雜木林營造出空間的開放感。

> **房屋相關資訊**
> 家族成員：夫婦＋小孩2人
> 土地條件：建地面積161.37㎡
> 　　　　　建蔽率40% 容積率80%
> 　　　　　擋土牆上的不規則土地，西側和北側為
> 　　　　　大學用地，南側地勢較高視野遼闊。
> 屋主提出的要求
> • 能欣賞到旁邊大學的雜木林風景
> • 保留房屋南側的視線遼闊感
> • 解決1樓北側的濕氣問題

✕ 沒有想辦法改善缺點

構造有問題
1樓部分幾乎沒有牆壁，無法讓牆壁耐力傳導至1樓，必須增加大型樑柱建材。

不能使用的庭院
由於土地為不規則狀，所以這裡是三角形的部分，無法搭造建築物。再加上沒有善用北側陰暗空間，導致濕氣累積。

下雨漏水原因
遊廊方有1樓的房間，如何防止雨水滲入就是個難題，雖然說在1樓的屋頂上方設置遊廊的構想不錯，但由於高度過高，使用上出現困難。

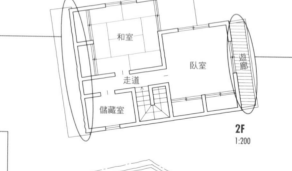

2F
1:200

最底端的廚房
廚房在屋內最底端的位置，將食物冰存或倒垃圾時，都必須先橫越客廳空間。

1F
1:200

潮濕陰暗的衛浴設備
由於房屋北側有大面積的擋土牆，導致通風採光效果差。

黑暗的廁所前方
位在走道中段位置的廁所，由於沒有光線照射而呈現陰暗狀態，須加裝24小時照明設備。

昏暗的玄關
以土地的條件來說，不能在這裡設置玄關，因為在建築物的正中央通常會顯得既昏暗又狹窄。

LDK移至2樓，將擋土牆上的雜木林納入視線範圍內

2樓的LD與和室，房屋南側的大開口設計能欣賞鄰地的雜木林風景，和室採用開放式隔間，寬敞的LDK能和戶外的綠色景觀形成一體。

往來動線順暢

廚房內的環繞式動線，使用上變得方便許多，做菜和擺盤動作也很流暢，即便是好幾個人同時待在廚房也不會覺得擁擠。

凸出的2樓矩形空間

為彌補不規則土地的缺點，而將2樓部分空間以騰空方式設計成長方形。有利用到部分擋土牆的上方空間，徹底發揮土地本身優點。

打開推門後成為一個大空間

設置在房屋角落的和室，將木格門往兩側推開，就能和客廳連接變成一個寬敞的空間，還能欣賞到南側的景色。

借景效果

從房屋西側擋土牆上方的客廳，再到能眺望鄰地雜木林景觀的地點，全都是拜有設置大開口所賜，將方格門推開，眼前就會出現絕佳景色。

超迷你的室內小庭院

特別挪出一個縫隙空間，日照通風良好，視線還能直接穿透到1樓正中央的門廳。

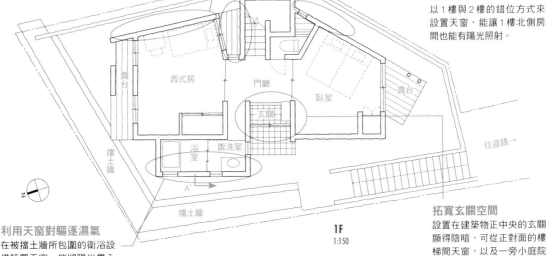

2F 1:150

1F 1:150

往道路→

空隙處安裝天窗

以1樓與2樓的錯位方式來設置天窗，能讓1樓北側房間也能有陽光照射。

利用天窗對驅逐濕氣

在被擋土牆所包圍的衛浴設備設置天窗，能將陽光帶入室內，有效對抗濕氣。

拓寬玄關空間

設置在建築物正中央的玄關顯得陰暗，可從正對面的樓梯間天窗，以及一旁小庭院的光線，製造出明亮且寬敞的視覺感受。

閣樓的開口

房間上方的開口能將夏天的熱氣排出，與下方的開口相互配合，即使是夏天也能不開冷氣。

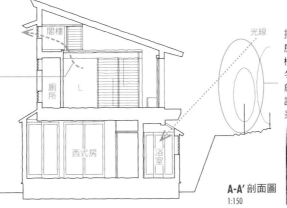

光線

A-A' 剖面圖 1:150

擋土牆上的風景

房屋西側的雜木林多屬落葉樹，夏天可遮蔽強烈光照，冬天則是有溫暖的夕陽照射。擋土牆上的建築物高度設定為2樓，還能欣賞一旁美景。

建地面積／161.37㎡
總樓地板面積／103.04㎡
設計／村山隆司工作室
名稱／成瀨的家

020 1樓有3種地板設計，
2樓有寬敞LDK空間的住家

　　1、2樓都是10坪大，總計20坪的住家，特色在於裡外都有環狀的土間通道。此通道能讓原本與和室走廊相連的庭院與和室保持「距離」。3坪大的木地板房間，可作為之後劃分區域的小孩房，地板下則是大容量的半地下收納區。2樓是一整個LDK空間，DK位在能享受風景窗外美景的角落空間。DK的對面則是衛浴設備，其中面向南側的開放式浴室為住家的一大特色。

房屋相關資訊
家族成員：夫婦＋小孩2人（幼童）
土地條件：建地面積89.26㎡
　　　　　建蔽率 40% 容積率 80%
　　　　　位於安靜的住宅區內，西側為道路的長方形土地
屋主提出的要求
• 1台車的停車空間
• 要有庭院空間，即便面積狹小也沒關係
• 明亮的居家環境
• 比起房間大小較重視家人的共同活動空間

✕ LDK狹小，
1樓空間使用困難

狹窄的LDK空間
因為在2樓設置房間，連帶壓縮了LDK能使用的空間。

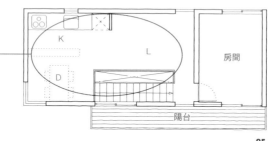

K
L
D
房間
陽台

2F
1:150

容易淪為置物間
玄關旁的小房間，很可能會被當作是置物間或其他用途。

空氣不流通
面向道路的衛浴設備，無法長時間開窗，洗澡時會很在意室外的一舉一動。

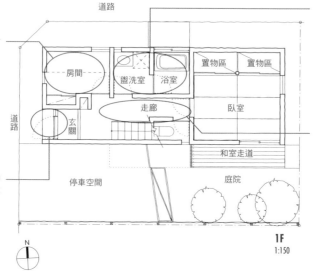

道路

房間　盥洗室　浴室　置物區　置物區
走廊　臥室
道路
玄關
和室走道
停車空間　庭院

沒有作用的走道
只能作為通道使用的走道空間，面積狹小的住家其實不適合設置走道。

空間窄小！
打開門就會直接面向道路的玄關，會造成使用上的不便，面積也太小。

N

1F
1:150

捨棄2個房間 換來寬敞的LDK

餐廳內所看到的LDK，傾斜天花板越往南側越高，從天窗透入的光線會照射至天花板，靠著白色牆面反射至室內而保持明亮。最底端的牆壁對面則是衛浴設備。

附加功能
捨棄在2樓設置單獨房間的想法，規劃出完整的LDK空間，確保家人有寬敞的活動場所。DK沒有佔用多大面積，而是保留較大空間給螺旋狀樓梯對面的客廳。在寬敞無隔間的活動區域裡，樓梯在不知不覺中扮演了區隔空間的角色。

選擇想欣賞的景色方向
在房屋視野良好的方位設有風景窗，可在用餐時眺望窗外美景。

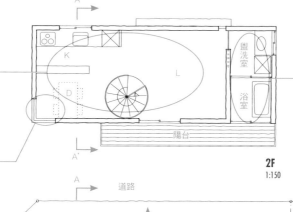

2F
1:150

明亮的浴室
將空氣流通光線充足的浴室規劃在2樓，是能放心使用的開放式空間。可直接從浴室將清洗好的衣物掛在陽台上曬乾。

隱藏用途
木造地板的小孩房，方便在之後區隔為2個房間，分房後或許空間不大，但其實下方藏有大量的收納空間。

多功能
不只當玄關使用，土間通道還具備許多的功能，像是設置地板暖爐。從南側玄關穿越至北側道路的室內土間通道，提升了內外活動路線的自由度。

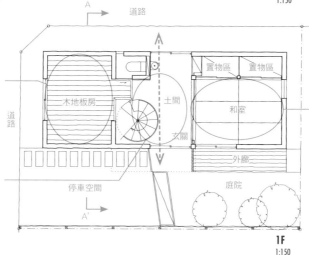

1F
1:150

保持舒服「距離」
因設有土間通道，而讓和室與其他空間產生「距離」。和室可藉由外廊與南側的庭院相連，夜晚則可作為臥室使用。

玄關所看到的土間通道。通道直達對面，打造室內室外的環繞式走道路線。

建地面積／89.26㎡
總樓地板面積／69.56㎡
設計／荒木毅建築事務所
名稱／土間走道的住家

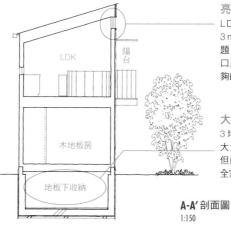

亮度倍增
LDK南側的傾斜天花板有3m高，考慮到居家隱私問題，所以儘量沒設置對外開口處，但可透過天窗接收足夠的光線照射。

大面積的收納區
3坪大的木地板房間下方有大量的半地下收納空間，不但能用來擺放小物品，連全家人的雜物都能收放進去。

A-A' 剖面圖
1:150

擁有和室與寬敞的LDK，還能享受周圍綠景的住家

房屋面向大馬路，周圍有雜木林立的土地環境。為了避開被南側公寓遮蓋的視線，大膽決定在朝北方向設置大片風景窗，目的是能隨時欣賞北側的樹林綠景，即便在廚房也能輕鬆透過窗戶看到戶外的綠色植物。

室內有完整大空間作為之後可區隔的小孩房，並在客廳角落設有和室作為客房使用，可藉由拉門的開關選擇和室的用途。

房屋相關資訊
家族成員：夫婦＋小孩2人（小學生＋幼童）
土地條件：建地面積171.00㎡
　　　　　建蔽率50% 容積率80%
　　　　　住宅面向交通流量大的道路，周圍有種植樹木的綠景環境，土地有高低起伏落差。

屋主提出的要求
● 面向道路能容納3台車的停車空間
● 可變動式的設計
● 要有客房、和室以及中島廚房

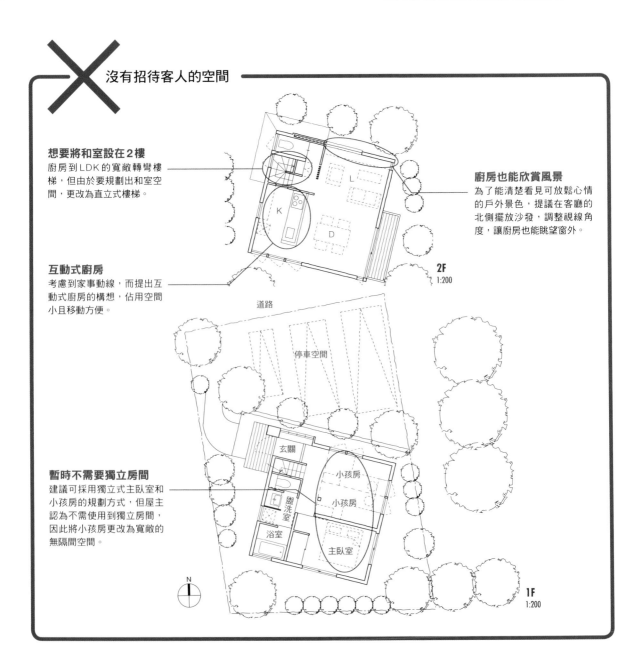

✕ 沒有招待客人的空間

想要將和室設在2樓
廚房到LDK的寬敞轉彎樓梯，但由於要規劃出和室空間，更改為直立式樓梯。

互動式廚房
考慮到家事動線，而提出互動式廚房的構想，佔用空間小且移動方便。

廚房也能欣賞風景
為了能清楚看見可放鬆心情的戶外景色，提議在客廳的北側擺放沙發，調整視線角度，讓廚房也能眺望窗外。

2F
1:200

道路

停車空間

暫時不需要獨立房間
建議可採用獨立式主臥室和小孩房的規劃方式，但屋主認為不需使用到獨立房間，因此將小孩房更改為寬敞的無隔間空間。

玄關
小孩房
小孩房
盥洗室
浴室
主臥室

N

1F
1:200

可招待客人的寬敞可變動式空間

2樓的LDK，可看見位在中央底端的餐廳。右側的和室設有往另一邊的出入口，營造出以樓梯為中心的環繞式動線。上方的閣樓可作為寬敞的收納空間使用。

作為客房使用
因屋主一家交遊廣闊，時常會有客人來訪，考慮到客人的住宿問題，設置在客廳角落的和室採用隱藏式木門，藉由木門的開關可隨意變換使用方式。

以樓梯做區隔
在和室與餐廳中間設置樓梯，製造兩個空間的距離感。因和室可作為客房使用，而讓日常生活空間與和室保持適當距離。

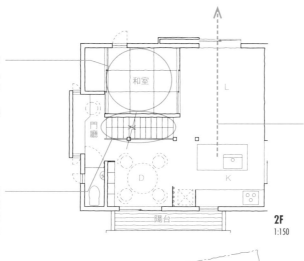

可眺望風景的廚房
符合屋主要求的中島廚房，在廚房裡也能透過客廳窗戶看見戶外風景。

和室　L

門廳

D　K

陽台

2F
1:150

從餐廳所看到的廚房，不但能看到廚房正面，連右側也能看得很清楚。

大卡車也停得下！
由於建築物與道路之間有些傾斜，因此特別保留有大型車輛也能停放的空間，從道路旁看建築物的外觀比例感絕佳。

停車空間

現在作為寬敞空間使用
因為小孩年紀還小，可自由使用此寬敞空間，等到小孩長大需要獨立房間時，還能劃分區域。

玄關

自由空間

走道

盥洗室

浴室　西式房

N

1F
1:150

建地面積／171.00㎡
總樓地板面積／93.92㎡
設計／岡庭建設
名稱／章魚先生的家

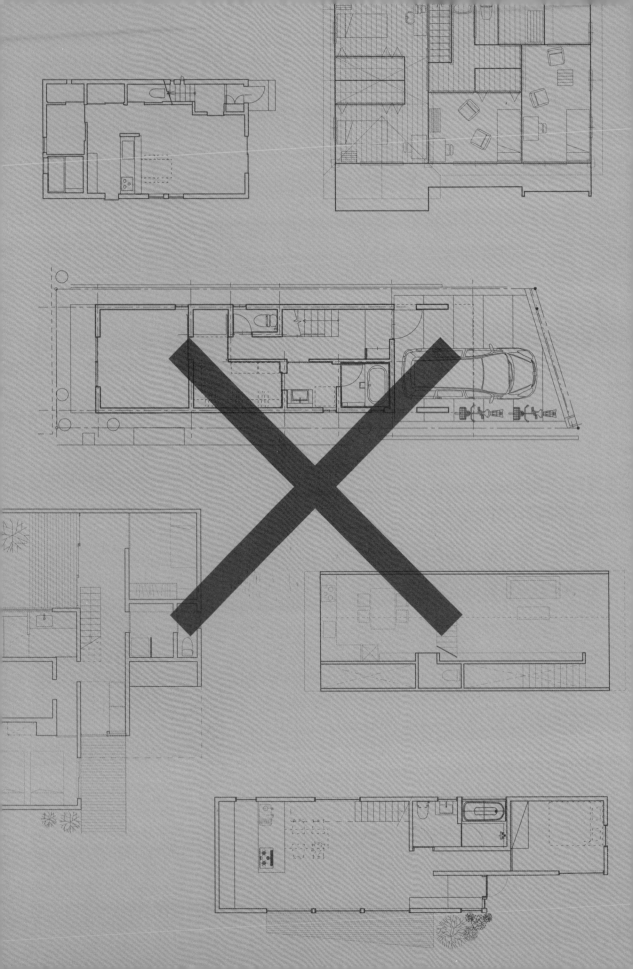

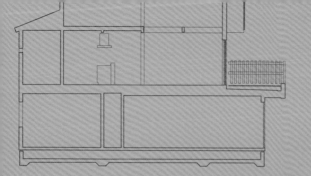

Chapter 2
寬敞舒適的
住家

住宅的格局規劃能創造空間與空間的延伸感，感覺居住面積變得更寬廣，規劃出「視線能穿透」的立體空間，就能擁有舒適且寬敞的住家環境。

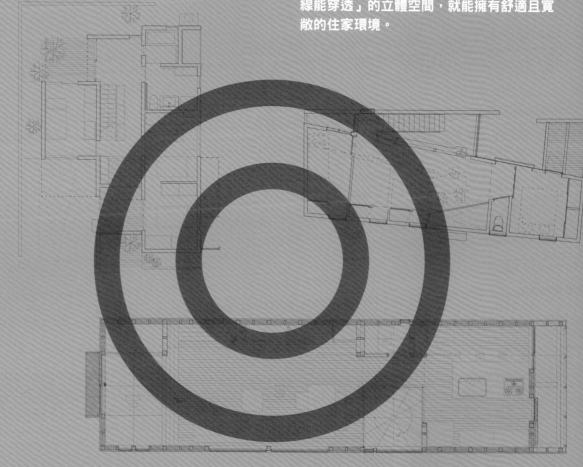

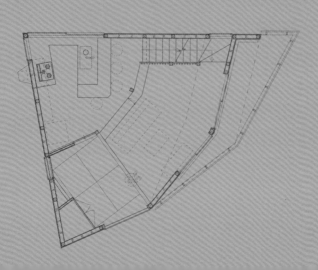

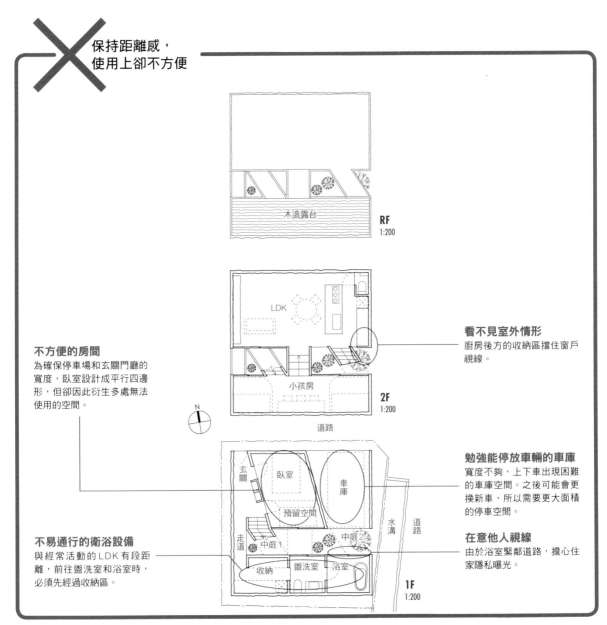

022 利用分離式建築的空隙與街道保持適當距離感

　　將獨棟住宅切割為南北的2棟建築物，可另外得到中間的細長空地空間，此區的南側採光良好，由於和周遭空地連接，通風效果也很好。為了不讓屋內各個空間被空地截斷，所以採用橋狀樓梯交錯方式來連接各個空間。從室內各個房間的窗戶，都能夠感受到在這片空地上的自然光、微風、綠景，以及街景交織而成的畫面，以及透過縱向、橫向和斜面連接的各種建築物的空間變換形式。

攝影：矢野紀行

房屋相關資訊
家族成員：夫婦＋小孩2人
土地條件：建地面積75.15㎡
　　　　　建蔽率60% 容積率168%
　　　　　位在安靜的住宅區內，北側寬度4m，
　　　　　東側寬度5m（土地一旁有1m寬的水
　　　　　溝）的道路交接處。

屋主提出的要求
• 包括中島廚房在內的寬敞LDK
• 可舉辦烤肉等活動的屋頂空間
• 車庫、中庭與能夠看見小庭院的浴室等

✕ 保持距離感，使用上卻不方便

RF 1:200

木造露台

LDK

2F 1:200

小孩房

道路

N

不方便的房間
為確保停車場和玄關門廳的寬度，臥室設計成平行四邊形，但卻因此衍生多處無法使用的空間。

看不見室外情形
廚房後方的收納區擋住窗戶視線。

玄關　臥室　車庫　預留空間

走道　中庭1　中庭2　收納　盥洗室　浴室　水溝　道路

1F 1:200

勉強能停放車輛的車庫
寬度不夠，上下車出現困難的車庫空間。之後可能會更換新車，所以需要更大面積的停車空間。

不易通行的衛浴設備
與經常活動的LDK有段距離，前往盥洗室和浴室時，必須先經過收納區。

在意他人視線
由於浴室緊鄰道路，擔心住家隱私曝光。

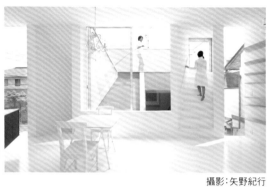

重視居家生活品質，善用分離式建築的優點

從LDK往露台方向看，廚房旁邊是從地板到天花板的大面積開口，視線能直接穿透，右側樓梯可通往屋頂陽台。

攝影：矢野紀行

上：建築物外觀，中間的細長狀空間是中庭空地。
下：LDK所看到的小孩房，實際上兩個空間距離很近，傾斜的橋狀樓梯則營造出距離感。

攝影：矢野紀行

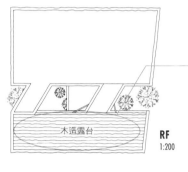

RF
1:200

大家的玩樂場所
屋頂露台距離LDK很近，是能放鬆心情的空中庭院，當然也能用來舉辦烤肉活動。

2F
1:200

調整櫥櫃方向
為了能夠眺望中庭，將櫥櫃往內移，可因應各種用途拓寬內部收納空間。

現在是寬敞的使用空間
小孩還小時可利用窗簾隔開，之後也能直接劃分為2個獨立房間。

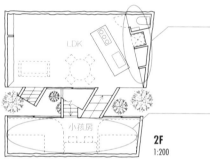

1F
1:200

上下車方便
為求上下車方便，拓寬道路前方，將玄關設在住家中央，還能縮短停車場到住家的距離。

後院空間
考慮到預留空間內的洗衣動線，決定將中庭2當作曬衣空間。道路旁有許多綠色植物，能適度遮蔽外部視線。

明亮的浴室
能保護隱私面向中庭1的浴室與盥洗室，可清楚看見戶外的綠色景觀。

距離露台很近
降低1樓衛浴設備和2樓小孩房的天花板高度，並將LDK和陽台的高低差控制在半層樓高，讓通往露台的動線變得流暢許多。

建地面積／75.15㎡
總樓地板面積／95.96㎡
設計／ALPHAVILLE（竹口健太郎・山本麻子）
名稱／Slice of the City

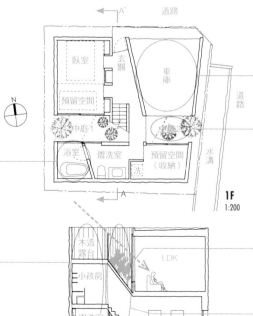

A-A' 剖面圖
1:200

南側光線
家人常活動的LDK也因為規劃了東西向空地，而提升了南側的採光效果。

環境優良的房間
確保所有房間都面向中庭，自然採光、通風性都很良好，還能拓寬窗外的視野範圍。

023 挑高門廳設計
重現森林裡的舒適涼爽感

在住家中心搭建了挑高的門廳，營造出彷彿身處森林裡的寬闊感，門廳設計也增加了室內的明亮度與通風性。還能將室內各個空間串聯起來，成為一個寬敞的活動空間，家人在自由活動的同時，依舊能維持彼此的互動性。由於將DK設置在生活動線的中心，在作家事的同時，還能順道完成料理的擺盤。

房屋相關資訊
家族成員：夫婦＋小孩1人（幼童）
土地條件：建地面積135.52㎡
　　　　　建蔽率 50% 容積率 100%
　　　　　周圍全都是 40 年左右的單層住宅，沒有高低差，接近正方形的土地。
屋主提出的要求
• 感覺居住在森林裡的舒適環境
• 可以培養小孩好奇心的居家空間
• 能享受日常生活的住家

✕ 格局規劃與空間的連接方式都需要改進

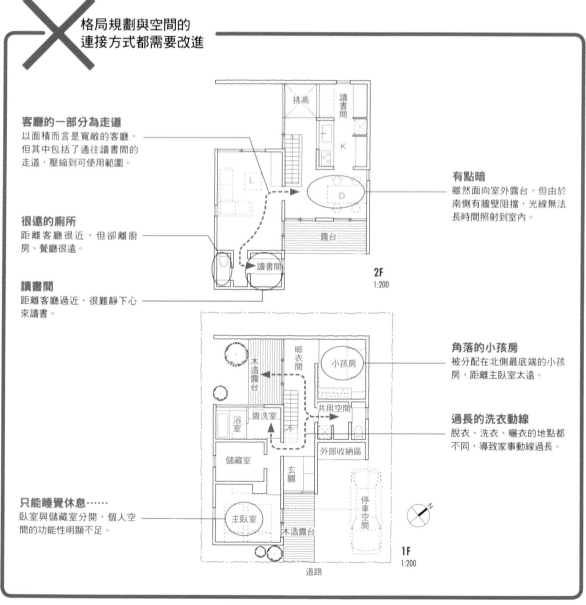

客廳的一部分為走道
以面積而言是寬敞的客廳，但其中包括了通往讀書間的走道，壓縮到可使用範圍。

很遠的廁所
距離客廳很近，但卻離廚房、餐廳很遠。

讀書間
距離客廳過近，很難靜下心來讀書。

有點暗
雖然面向室外露台，但由於南側有牆壁阻擋，光線無法長時間照射到室內。

角落的小孩房
被分配在北側最底端的小孩房，距離主臥室太遠。

過長的洗衣動線
脫衣、洗衣、曬衣的地點都不同，導致家事動線過長。

只能睡覺休息……
臥室與儲藏室分開，個人空間的功能性明顯不足。

2F 1:200

1F 1:200

房屋東南側開口設計，陽光可照射到室內的各個角落

左：從廚房往客廳方向看，收納櫃的另一邊是樓梯位置，低處的收納區與LDK相連。
右：鋪有榻榻米的客廳，從窗戶透入的光線可直達DK，設有大型拉門可關閉為獨立房間。

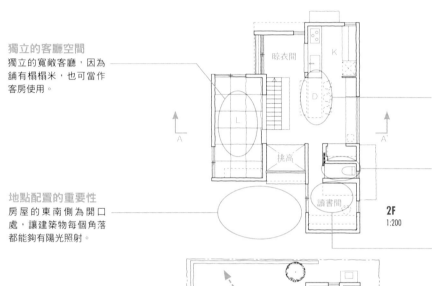

獨立的客廳空間
獨立的寬敞客廳，因為鋪有榻榻米，也可當作客房使用。

明亮的餐廳空間
光線可越過挑高空間與客廳直達餐廳，一整天的日照都很充足。

廁所的最佳位置
可保護個人隱私，與LDK的往來動線順暢。

地點配置的重要性
房屋的東南側為開口處，讓建築物每個角落都能夠有陽光照射。

能冷靜思考的空間
將建築物凸出的部分設為讀書間，既獨立又能讓人靜下心思考的空間。

晾衣間　K　D　L　挑高　讀書間

2F
1:200

舒適的房間
小孩房面向陽台，通風良好。

順暢的清洗動線
將衛浴設備設置在同個區域，可提升清洗效率。

連續性的空間
利用收納、窗戶的增加或變更，打造出陽台、玄關、門廳的連續性空間。

安靜的臥室環境
單獨的房間能保有個人隱私，讓人保持心情平順的臥室空間。

門廳　浴室　收納　外部　共用空間　木造露台　小孩房　停車空間　玄關　木造露台　主臥室

道路

1F
1:200

建地面積／135.52㎡
總樓地板面積／114.48㎡
設計／直井建築設計事務所
名稱／對比住家

門廳　D　L　小孩房　主臥室

A-A'剖面圖
1:200

房屋正面外觀

024 反過來利用土地狹窄、不方正、傾斜缺點的扇形住宅

　　因遵守建築物外牆界線規定，可建築範圍縮小到只剩12坪左右，土地本身是狹窄且不方正的傾斜地，為完成屋主要求，將建築面積規劃為扇形平面狀。此外，為降低鑿洞費用與減少多餘砂土量，決定配合土地傾斜度，將建築物北側各樓層的地板加高。以及在2樓設置有高低差，往南側逐漸變高的傾斜式天花板，並採用放射狀的樑柱設計。考量到外部環境，將開口處設在能拓寬LDK內部空間的位置，得以打造出比實際面積還要豐富的內部空間。

房屋相關資訊
家族成員：夫婦＋小孩2人
土地條件：建地面積88.19㎡
　　　　　建蔽率55% 容積率100%
　　　　　2側被有高低差道路包夾的三角形土地，需遵守建築物外牆界線規定。

屋主提出的要求
• 寬敞的玄關與書房空間
• 能看見家人的互動式廚房
• 能因應之後生活形態改變的規劃方式等

✕ 沒有解決土地不方正的缺點

北側天花板太低
2樓北側房間因受限於高度限制，導致天花板高度過低。

尖銳角度
這個地方呈現銳利角度，無法擺放傢俱，使用上也不方便。可藉由使用訂製傢俱等方式來加強空間的實用性，房間形狀在使用上也稍嫌不便。

發揮土地本身條件
感覺沒有善用接近三角形的土地條件，若懂得如何使用非平行、直角的牆面，就能有效增加空間深度，需思考能達到加分效果的設計方式。

擾人的凸出部分
希望能避免會造成不便的凸出式空間設計。

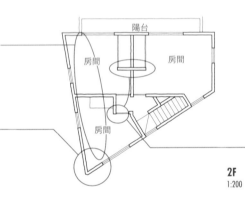

2F
1:200

窗戶配置造成通風效果差
雖然窗戶面積大採光佳，但由於只偏限在一個方向的開口部位，整體通風性不佳。

缺少收納空間
廚房附近沒有收納區，餐具收納櫃空間也不夠大。

死角空間
不方正的土地在規劃上容易出現死角，不要當它是缺點，要思考如何積極利用這樣的土地特色。

午後陽光無法進到室內
房屋的西南側為午後陽光無法照射到的封閉式LDK。

移動困難的高度
廁所上方設有樓梯，但是高度過高行動不便。

玄關距離太遠
要先爬坡才能進入位於室內後方的玄關。

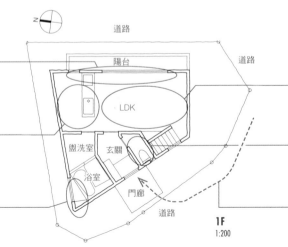

1F
1:200

符合土地形狀的平面設計，解決室內死角問題

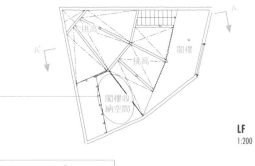

LF 1:200

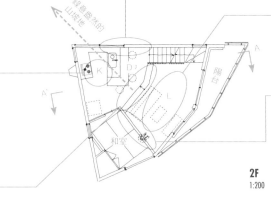

2F 1:200

2樓和室看到的LDK，將廚房分配到最佳位置，讓整個客廳變得明亮又寬敞。

立體式收納
由於建築物須遵守嚴格的北側高度規定，所以道路側擁有較大的可利用空間，在南側設置逐漸加高的傾斜式屋頂，且具備閣樓收納空間。

適當的開口位置
避免將開口設在會接觸對面建築物或道路行人視線的地點，要在能夠拓寬視野範圍的地方設置開口。

掌握家中各個角落的動態
將廚房設在扇形建築的最佳位置，可清楚看見2樓每個角落，地板高度比客廳還高，位在住家中心的廚房可說是專為妻子打造的個人舞台。

善用高低差
客廳周圍的高度差是坐下休息也不覺得不舒服的適當高度，還能接收來自1樓走道的光線。

不會有死角空間
不想浪費任何一個空間，可作為浴室旁的緩衝空間（小庭院）、管線區，或是用來擺放訂製傢俱。

比實際大小還要更深入的空間感
主要的活動空間是包括閣樓在內的2樓的無隔間空間，利用地板高低差、傾斜式屋頂、扇形樑柱，並在扇形建築的最佳位置設大開口，讓視線得以穿透，綜合以上個各個要素，可創造出更深入的空間感。

因應各種變化的隔間方式
為了在有限面積內創造最大空間，將2樓規劃為無任何隔間的完整空間，可因應之後生活型態的變動，利用拉門隔出其他的使用空間。

沒有壓迫感的玄關周圍
寬敞的土間設有內開式玄關木門，可擺放喜歡的傢俱和嬰兒推車，用途非常廣泛，打開方格門後則與和室連接為寬敞的玄關門廳。規劃出與屋外間的舒適緩衝空間，讓人忘記這是間狹窄住宅的事實。

內開式玄關
考慮到外部空間並不大，而決定設置內開式的玄關木門，在接合方式與金屬器具的選用上特別下工夫，能防止雨水滲入且密閉性佳。

善用地板下方空間
為了有效利用地板下方空間，在榻榻米下方設有收納空間，在玄關踏台下方也有收納鞋子的空間。

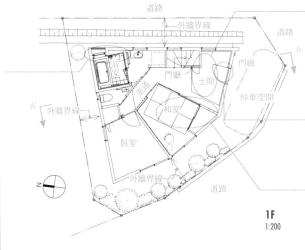

1F 1:200

寬敞的玄關土間與和室

土地面積／88.19㎡
總樓地板面積／74.32㎡
設計／充綜合計畫（杉浦充）
名稱／扇翁

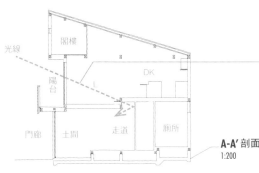

A-A'剖面圖 1:200

立體的空間規劃
在2樓的高低差部分安裝玻璃，讓容易顯得陰暗的1樓走道，也能有自然光的照射，反過來利用土地本身的高低差缺點。

025 能隨時掌握小孩動向，使用自然建材的寬敞住宅

　　大量使用天然建材來裝潢，積極營造出自然居家環境的住宅，很注重家人之間的互動，由於家中有年紀還小的幼童，所以希望能擁有居住方便的住家環境。舉例來說在2樓也能清楚聽見有人說「我回來了」的玄關與挑高，明亮又寬敞的客廳，以及互動性佳的廚房設計等。房屋南側有寬廣的陽台，可作為客廳的延伸空間使用，也兼具空中庭院的功能，為全家人的居家活動中心。

房屋相關資訊
家族成員：夫婦＋小孩（幼童）
土地條件：建地面積100.46㎡
　　　　　建蔽率50% 容積率150%
　　　　　周邊為安靜的住宅區，房屋寬度約為6.3m，具有一定深度的平坦土地，南側道路的對面有小學。
屋主提出的要求
• 使用國產建材、自然建材規劃出寬闊的空間
• 視線所及範圍是孩子遊玩、學習並重的住家空間

✕ 擔心隱私會曝光，許多缺失的住家動線

無直接面對外牆的廁所
沒辦法與戶外空間接觸的廁所，通風與空氣流通差，不方便使用。

阻擋日照的儲藏室
臥室的東南側為儲藏室，會擋住臥室的陽光照射。

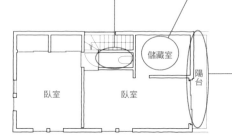

儲藏室
陽台
臥室　　臥室

2F
1:200

冗長的家事動線
日常生活中的清洗衣物動線，曬衣時需往來1、2樓的兩端空間，很費體力使用不便。

面對餐廳的廁所
直接從餐廳進出的廁所，不論是嗅覺還是視覺上都會讓人感覺不太舒服。

收納　收納　　　玄關
盥洗室
浴室　　　　LDK

1F
1:200

停車空間

狹窄陰暗的玄關
寬度不到1m的狹窄玄關，樓梯緊鄰在旁有壓迫感，導致空間陰暗無光。

不穩定的構造
將需要許多樑柱支撐的客廳設置在1樓，樑柱方向的牆面耐重力不足，房屋構造穩定性不夠。

外面會看見客廳動態
和鄰地之間無足夠空間，加上客廳的大開口朝南，可能導致隱私曝光居家安全受到威脅。

2樓客廳 採用開放式隔間

經常活動的2樓LDK，寬敞空間有很高的天花板設計，從上方天窗照射進來的光線可讓住宅保持明亮。廚房到陽台是無隔間的連續空間，可放心讓孩子到處活動玩耍。

有效利用閣樓收納空間
利用閣樓作為收納空間，並裝設太陽能導熱系統管線。

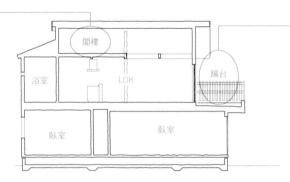

A-A′剖面圖
1:200

2坪大的戶外陽台
2樓設置有寬敞的庭院式陽台，在此處活動時不需在意行人視線。陽台是使用切割完整的建材所搭建，小孩可不穿鞋而自由走動，隨地而坐能感覺到木頭獨特的溫潤感。

客廳所看到的陽台

使用方便的陽台
將能用來曬衣及擺放垃圾的陽台設在屋內最底端，不但能縮短家事動線，使用上也更加方便。

2F
1:200

大聲說「我回來了！」
在玄關天花板設有挑高，讓從外頭回家的孩子們能大聲自在地打招呼。

因應將來生活型態的臥室
採用可變動式設計，等到之後家庭成員結構出現變化時，可將臥室與儲藏室的隔間去除，讓2樓擁有2間臥室。

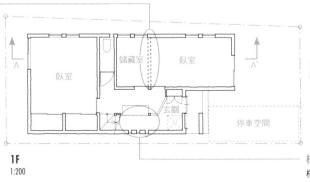

1F
1:200

土地面積／100.46㎡
總樓地板面積／150.69㎡
設計／大榮工業
名稱／東大泉的微風HOUSE

樓梯下方的土間收納區
樓梯下方設有與玄關相連的土間，可作為腳踏車和小孩玩具的擺放空間。

026

實際面積不到20坪的土地，卻有可供多人歡聚的寬敞客廳

　　土地本身是細長的旗杆地，「旗」的部分實際上不到20坪，在這樣的條件下，為了要拓寬屋內空間，營造出1樓LDK榻榻米空間上方的開放感，而在樓梯設置挑高，讓1樓擁有充足的日照光線。另外也利用土間空間規劃出2個出入口，還有以廚房為中心的環繞式往來動線，行動上不會受到限制，感覺活動空間變得更加寬廣。

房屋相關資訊
家族成員：夫婦＋小孩3人（小學生＋幼童）
土地條件：建地面積105.54㎡
　　　　　建蔽率60% 容積率150%
　　　　　位於安靜住宅區內的旗杆式土地，房屋寬度約為2m，杆狀部分只有40㎡大，土地有些許高低差。

屋主提出的要求
• 促進家人間溝通互動的設計方式
• 可舉辦家庭派對的寬敞客廳空間
• 能在屋頂上欣賞煙火，有中庭空間

✕ 陰暗的LDK
與沒有用處的走道空間

無用處的走道空間
只供通行的走道，有許多沒有用處的空間，在進行狹窄房屋的格局規劃時，儘量要避免有這樣的情形發生。

建地以外的土地空間
沒有考慮到陽台與鄰地間的關係，無法保護住家隱私，不能隨意在此活動，也不能作為曬衣空間使用。

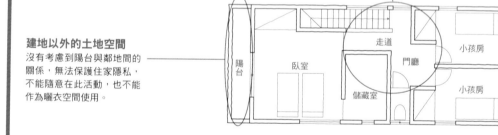

陽台　臥室　走道　門廳　小孩房
儲藏室　小孩房

2F
1:150

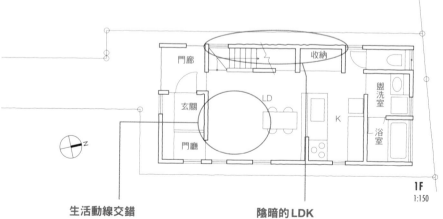

門廊　收納　盥洗室
玄關　LD　浴室
門廳　K

1F
1:150

生活動線交錯
生活動線與休息空間相互交錯，反倒成為無法放鬆的空間。

陰暗的LDK
採光設施太少，導致整個空間呈現陰暗狀態。

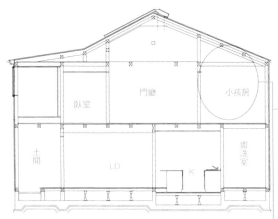

挑高設計將光線帶往舒適的榻榻米客廳

右：在榻榻米客廳往樓梯方向看，從樓梯上方開口到挑高、直立式階梯都有明亮的光線照射。

設置在土間的第2個入口，孩子們可在這裡先洗手，再進到客廳空間。

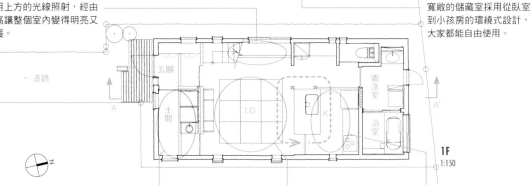

可劃分區域
傾斜式天花板所包覆的寬敞小孩房空間，有對稱的窗戶等設計，之後能分割為獨立房間。

A-A' 剖面圖
1:150

安全的陽台
有牆壁與格狀柵欄可確保隱私不被侵犯，也很適合作為曬衣空間。從大片窗戶灑落下來的陽光，可透過窄道照射至樓梯下方。

2F
1:150

上方的採光
利用上方的光線照射，經由挑高讓整個室內變得明亮又溫暖。

共用的收納空間
寬敞的儲藏室採用從臥室到小孩房的環繞式設計，大家都能自由使用。

1F
1:150

土地面積／105.54㎡
總樓地板面積／85.28㎡
設計／創建舍
名稱／山王的家

另外的入口
與玄關連接的土間除了可作為腳踏車等物品的收納空間，也和另一個入口相連。

坐下休息的生活空間
調整周遭傢俱的高度，營造出坐下休息視線往下時的舒適空間，成為家人會自然而然相聚在一起的住家中心。

視線接觸
為了配合榻榻米客廳的高度，將廚房地板往下拉，能和坐在客廳的家人視線交流，讓整個室內空間更有一體性。此外，環繞式往來動線也提升了空間的使用效率。

可收納所有戶外用品的 15坪住家

027

在狹窄的15坪土地上，要有能夠擺放6塊滑雪板、露營用品、車用物品等戶外用品，以及能停放2台越野摩托車與4台腳踏車的空間。如果選擇將1樓的車庫拓寬，那麼勢必會對3層樓建築造成壓迫，所以決定在客廳地板下方設置不會影響日常生活的寬敞收納空間，搭配挑高的2、3樓空間，呈現寬闊又放鬆的住家環境。

房屋相關資訊
家族成員：夫婦＋小孩
土地條件：建地面積50.15㎡
　　　　　建蔽率60% 容積率300%
　　　　　南北向接近長方形的切割土地，位在附近有學校與公園的安靜住宅區內。

屋主提出的要求
• 通風隔間少的住家
• 鋪有榻榻米的休息空間
• 6塊滑雪板、露營用品等物品的收納區
• 2台越野摩托車與4台腳踏車的停放空間

不夠謹慎的空間使用方式

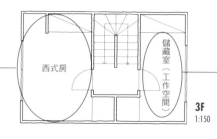

獨立房間
固定式房間，無法因應之後家族型態的改變，只能作為獨立房間使用。

空間的浪費……
將屋主「圍住」的空間，面積太大。

3F 1:150

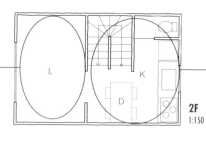

無趣的活動場所！
只能算是單純的寬敞空間，感受不到生活空間的趣味感，與DK的連接性也不明顯。

過於單調
狹窄的DK空間，樓梯動線旁的餐廳無法讓人放鬆，通往廁所的路線複雜。

2F 1:150

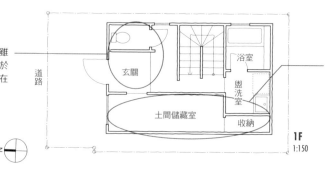

雖然方便但……
玄關空間機能性不足，雖然此處進出方便，但由於面積過小，似乎沒有存在的必要性。

收納環境差
土地狹窄導致1樓空間陰暗，通風不佳，在這樣的環境下無法讓戶外用品與腳踏車等大量收納物品保持正常狀態，也無法使用到角落的收納空間。

1F 1:150

有效利用高度
讓LDK有寬敞的收納空間

左：LDK，廚房旁邊地板架高的坐下休息空間。
右：客廳上方的挑高。

善用房屋高度
客廳地板下方有很大的收納空間，在面積不大的空間條件下，要懂得如何善用高度挪出必要的使用空間。

挑高
西式房
陽台
LDK
地板收納
土間空間

A-A′剖面圖
1:150

1樓土間與入口

通風且透光
不但通風光線也能到達上下樓層的挑高，寬敞的空間感覺一點都不擁擠。

能保持互動的半封閉式房間
將工作空間規劃在挑高旁邊，由於在房間角落，會產生些許封閉感，但可透過挑高保持與家人之間的互動溝通。

挑高
西式房
陽台
工作空間

3F
1:150

可變動式設計
規劃出1個大房間，可因應之後變化作使用上的調整。

隨意躺臥的空間
客廳的地板比廚房還要高一些，可以坐下休息，還能與一旁廚房內的家人保持互動，讓人感覺放鬆的空間。

D
L
K

2F
1:150

兩用餐桌
特別訂做的廚房傳菜台，同時也可作為餐桌使用，可提升狹小空間的使用效率。

很有效率！
沒有設置玄關，而是將土間作為入口處，並設有推開式大門，有效利用每一寸空間。

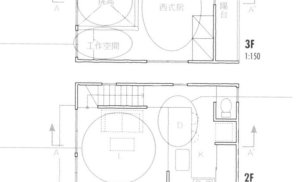

道路

盥洗室
浴室
土間空間

1F
1:150

為將來預先作準備
寬敞的土間空間可用來收放戶外用具等物品，之後可作為車庫、房間等空間使用。

土地面積／50.15㎡
總樓地板面積／74.24㎡
設計／HOPEs
名稱／狹窄卻充滿樂趣的住家

028

2樓LDK
有溫暖陽光照射的住宅

鋼筋水泥所組成的高聳房屋外觀，沒有傳統鋼筋水泥構造的厚重，反倒給人輕巧俐落的印象。家人團聚的寬敞客廳，以及與穿透式吧台桌相連的中島廚房，延伸出去則是戶外陽台，還規劃出樓頂花圃，一連串讓人感覺舒適的居家環境，不但能保護住家隱私，也是全家人可安心居住的住宅空間。

房屋相關資訊
家族成員：祖母＋夫婦＋小孩2人＋犬1貓1
土地條件：建地面積148.56㎡
　　　　　建蔽率60% 容積率150%
　　　　　距離海邊很近的安靜住宅區內的長方形
　　　　　土地，土質鬆軟。

屋主提出的要求
* 能容納2台愛車的車庫
* 保有個人隱私，能放鬆身心的住家環境
* 能與寵物快樂生活的居家空間
* 足夠的收納空間等

✕ 距離太近 欠缺開放感

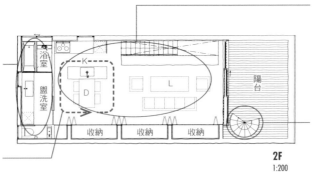

距離太近
將整個連續性大空間規劃為LDK，但由於3個區域為L型配置方式，視線容易受到干擾，各區域之間的距離也過近。

缺少開放感
細長狀的盥洗室和浴室，雖然空間寬廣，但設計不夠開放。

遮蔽視線
連接頂樓的螺旋式樓梯佔地面積大，會擋住客廳窗台的視線。

移動路線長
雖然設計出環繞式動線，但過長的移動路線會降低空間使用性。

2F
1:200

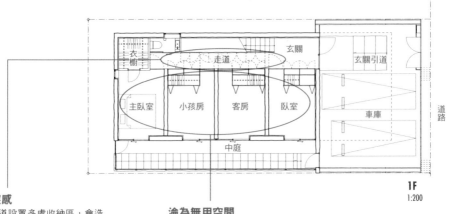

1F
1:200

衝突感
在通道設置多處收納區，會造成樓梯下方收納空間的開關門，和對面獨立式收納空間的開關門會互相干擾。

淪為無用空間
規劃出4個固定獨立空間，但之後很有可能淪為多餘空間。

藉由玻璃牆面展現空間開放感

廚房前的衛浴設備，玻璃牆面設計讓廚房不會產生封閉感，還能拓寬浴室旁的空間。

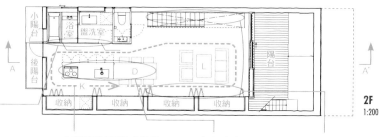

2F
1:200

感覺更寬敞
利用透明玻璃作為盥洗室、浴室與廚房的牆面，視線能直接穿透，即便是面積不大的空間，也會讓人感覺空間變大許多。

大範圍的環繞式動線
採用客廳、餐廳、廚房直線排列的配置方式，以環繞式動線串聯起整個寬敞空間。

大小適中
選擇適中的廚房流理台與餐桌大小，簡單以直線排列的規劃方式。

光線的階段性變化
在房屋的兩端都設有天窗，光線可照射到各個區域，透過光線的逐漸變化，增添室內的浪漫風情。

玻璃堡壘
放棄樓梯下方的收納處，決定將此區規劃為裝有大片玻璃，視線容易穿透的寵物房間，成為具開放感的玄關門廳空間。

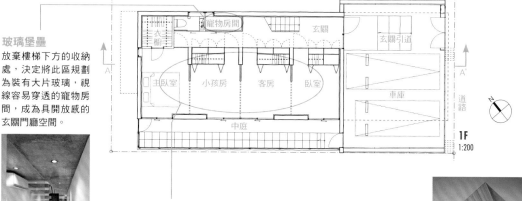

1F
1:200

可變動式設計
將起居室空間為可變動式設計，能因應生活型態的變化，轉換空間的使用式。

光線聚集
陽台的傾斜牆面除了可拓寬室內空間，還能有聚集反射光線的效果。

作為屋簷使用
大面積的傾斜凸出設計，能讓光線照射進室內最底端，也可作為車庫的遮陽板。

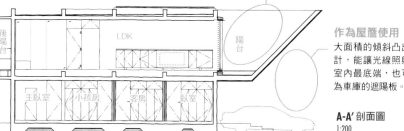

土地面積／148.56㎡
總樓地板面積／140.32㎡
設計／APOLLO（黑崎敏）
名稱／FLOW

A-A'剖面圖
1:200

029 善用環繞式動線的每個角落，擋土牆邊明亮方便使用的房屋

　　已開發的斜坡土地，位在上方住家往下可清楚看見的地點，因此將衛浴設備設置在房屋中央。1、2樓皆以房屋中央為中心，規劃出環繞式動線，移動途中會經過許多活動空間。由於房屋北側旁有擋土牆，特別將開口壓低，在顯現空間開放感的同時也能達到遮蔽周圍視線的效果。並在除了南側以外的土地邊界，以及建築物之間的空隙都種植了竹子，讓整個住家周圍滿是竹林造景。

房屋相關資訊
家族成員：　夫婦
土地條件：　建地面積124.79㎡
　　　　　　建蔽率 40% 容積率80%
　　　　　　傾斜的開發地，為了挪出空間作為停車場等區域，土地平坦部分為歪斜狀，南側擁有良好的風景眺望視野。

屋主提出的要求
• 能有1個人獨處的空間
• 可欣賞南側風景的設計
• 空間開放可以看到戶外景色的浴室等

✕ 過度著重南面設計，須了解土地本身特性

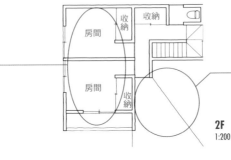

差別待遇！
一整年都陰暗不通風的房屋北側，和有陽台的房屋南側兩者雖面積相同，但對兩者的重視度卻天差地別。由於只是單純的獨立房間，所以和其他空間的連結性不佳。

更好的眺望視野
在視野良好的地點只簡單設置屋頂，對周圍環境的了解度不足。

2F
1:200

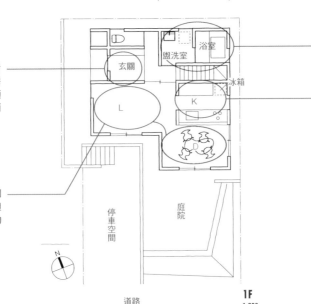

距離遠陰暗又狹窄……
以南側客廳為設計優先考量，導致進入玄關後前往房屋北側的距離遙遠，空間顯得陰暗且狹窄。雖然在對面設有樓梯，但設計感不佳。

夏天酷熱難耐
房屋南側的客廳和餐廳，到了夏天氣溫會急速上升，但卻沒有在北側規劃出任何的避暑空間。

不能開窗
顧慮到鄰居視線，只能將衛浴設備內的窗戶都關上。

使用不便的冰箱
移動路線不夠順暢的廚房，連冰箱的開關都有困難。

1F
1:200

道路

室內環繞式動線
劃分許多活動場所

自在的曬衣空間
被2個房間包圍的陽台作為曬衣場使用，因設有外牆而且有調整開口大小，不會讓鄰居看見洗好的衣物。

舒服的北側陽光可照射到和室
有別於水泥牆面的客廳，鋪有榻榻米的北側和室，也能作為客房使用（活動場所5）。

快速抵達
以樓梯為中心的環繞式動線，要去哪個區域都很方便。

光線稍暗
有別於面向南側地板架高房間的光線充足，這裡是光線稍暗的玄關大廳，是其中一個寬敞的活動空間（活動場所6）。

2樓盥洗室，上方裝設有天窗，能保持與戶外相同的明亮度。

連接上下
由於衛浴設備位在自2樓延伸的跳躍式平面，所以廚房上方與2樓相連。環繞式動線不只侷限於同一個樓層，上下連接方式也能增加家人互動。

土地面積／124.79㎡
總樓地板面積／94.77㎡
設計／acaa（岸本和彥）
名稱／鎌倉的家

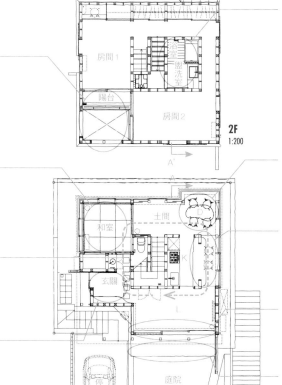

2F
1:200

1F
1:200

不必擔心被看光
因為沒有面向外牆，衛浴設備就不必在意周圍鄰居的視線，上方設有大片天窗室內光線充足。

北側餐廳
剛好能容納4人餐桌的北側空間，地板是以水泥砌成（活動場所4）。

唸書與幫忙家務
在廚房對面設有長形桌，小孩可在母親身旁唸書或幫忙家務（活動場所3）。

充分的採光效果
可接收大範圍的南側光線，並設有拉門，可隨時欣賞戶外風景（活動場所1）。

日照溫暖
將歪斜的南側土地作為庭院，面向庭院設置了能坐下休息的緣廊（活動場所2）。

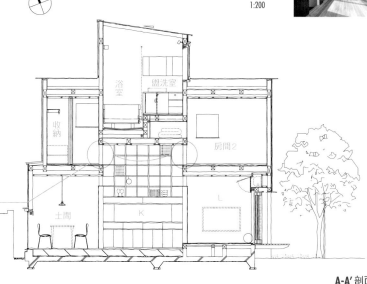

A-A' 剖面圖
1:200

030 將細長且不方正土地，藉由斜面設計成為舒適的活動場所

寬度窄東西細長的狹小土地，在前方2棟住家南側有平交道，房屋前方道路狹窄，巷道住家比鄰而居。屋主希望能擁有讓3個小孩到處奔跑玩耍的住家空間，在靠近道路一側設置公共空間，越往內走則是隱密性越好的高處建築。房屋優點在於將巷弄外部空間導入室內，如此一來就能讓住家內部有足夠的光線照射，規劃出有各種變化的住家空間。

房屋相關資訊
家族成員：夫婦＋小孩3人（小學生＋幼童）
土地條件：建地面積100.06㎡
建蔽率50% 容積率150%
位在安靜的住宅區內，長度約為16m，寬度約為6m，越往內越狹窄的不方正土地。

屋主提出的要求
- 增進家人間互動關係的隔間方式
- 廚房內可掌握全家人的動靜
- 日照充足能快速晾乾衣物的曬衣場所
- 小型的樓頂庭園等

✕ 土地特色沒有加分效果

封閉式的走道
因為南側有2個房間，而將樓梯設置在北側，導致此處空間既昏暗又狹小。

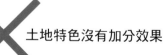

走道　　陽台

房間1　房間2　房間3

2F
1:200

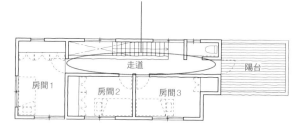

LDK　盥洗室　浴室　主臥室
玄關
露台　　停車空間

道路

N

1F
1:200

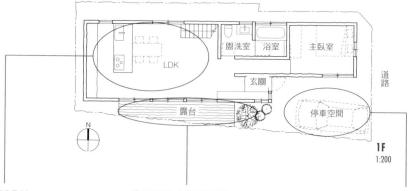

採光不足的LDK
如果在南北狹長土地的南側設置庭院或露台，會因為緊鄰隔壁住家，導致採光效果不佳。

沒有足夠光線照射的庭院、露台
房屋南側與鄰居住家之間的縫隙空間，採光性差。

狹小的停車場
就算面朝南方，但由於是車輛停放空間，無法眺望風景，需加強空間功能性。

把「戶外」帶進室內角落空間，規劃出舒適的住家活動場所

左：大廳部分，中央左方為玄關。與外部巷弄結合，自然地引導人們進入住家。
右：裝設天窗而保持明亮的樓梯間。

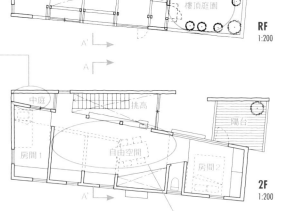

閣樓

樓頂庭園

RF
1:200

小型的樓頂庭園
屋頂閣樓旁的草地空間，可用來種植小型蔬菜或是暢飲啤酒，能夠清楚眺望街景。

分散的小庭園和露台
將分散在街道空隙的小空間與生活空間相連，成為能深入巷弄中發掘樂趣的空間。

中庭　　挑高

陽台

房間1　　自由空間

房間2

2F
1:200

可變動的空間
爬上樓梯會看見挑高旁與客廳相連，小孩能自由使用的空間，這裡是孩子們能一起唸書和玩耍的共有場所，空間夠寬廣之後可間劃分為2間小孩房。

連續性的平面
針對東西向細長土地，規劃了越往內走隱密性越高的設計，即便與街道連接成一體，也不怕隱私會曝光。

中庭
盥洗室

露台

浴室　K　　LD

玄關

停車空間

道路

N

1F
1:200

掌握住家內部動靜
藉由挑高讓家人關係更加緊密，在廚房內能隨時掌握家人的一舉一動。

巷弄的延伸
從停車場到陽台下方的出水口、露台、樓梯間、中庭，為一連串的小範圍開放空間。

北側的白色牆面
住家南側和鄰居住家距離近，所以在北側裝設了天窗，藉由巨大的白色牆面反射，讓家中各角落都能有柔和的光線照射。

鄰居住家

自由空間

樓梯　LD

鄰居住家

A-A' 剖面圖
1:200

土地面積／100.06 ㎡
總樓地板面積／90.56 ㎡
設計／FEDL（伊原孝則）
名稱／SIMOKITA BASE

031 設計複雜且充滿巧思的 方形都市住宅

　　充滿現代感，給人精緻小巧木箱印象的都市住宅。位在距離JR車站不遠處的平坦住宅區內，土地本身是深度夠的長形旗杆地，南側緊鄰隔壁住家的綠色外牆。

　　屋主夫婦都具備一級建築師資格，也都在大型建設公司上班，於是將許多的創意運用在這個小型木箱裡，打造出成本績效極高的都市住宅典範。

房屋相關資訊
家族成員： 夫婦＋小孩1人
土地條件： 建地面積168.59㎡
　　　　　 建蔽率50% 容積率80%
　　　　　 寬度約2.7m的旗杆式土地，杆狀部分面積約有40㎡，3個方向都有鄰居住家遮蔽視線，西側則留有空地。
屋主提出的要求
• 保持方塊形的簡單室內環境
• 坐下休息的空間（固定式或活動式榻榻米）
• 視線穿透性佳，動態式的空間感

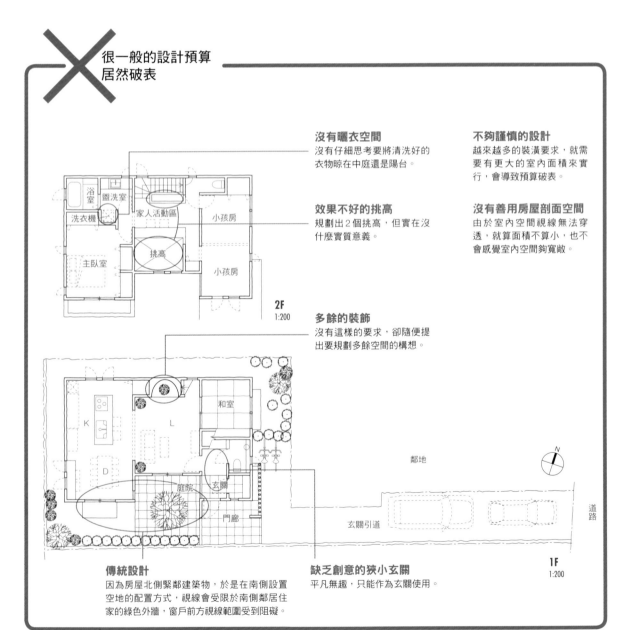

✕ 很一般的設計預算居然破表

沒有曬衣空間
沒有仔細思考要將清洗好的衣物晾在中庭還是陽台。

效果不好的挑高
規劃出2個挑高，但實在沒什麼實質意義。

不夠謹慎的設計
越來越多的裝潢要求，就需要有更大的室內面積來實行，會導致預算破表。

沒有善用房屋剖面空間
由於室內空間視線無法穿透，就算面積不算小，也不會感覺室內空間夠寬敞。

多餘的裝飾
沒有這樣的要求，卻隨便提出要規劃多餘空間的構想。

2F
1:200

傳統設計
因為房屋北側緊鄰建築物，於是在南側設置空地的配置方式，視線會受限於南側鄰居住家的綠色外牆，窗戶前方視線範圍受到阻礙。

缺乏創意的狹小玄關
平凡無趣，只能作為玄關使用。

1F
1:200

善用住宅剖面空間，具有巧思的立體感住家

左：房屋正面外觀夜景
中：閣樓3的旁邊，從屋內最高處望下看。
右：餐廳所看到的2樓起居空間。

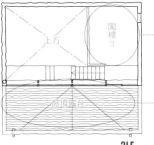

2LF 1:200

距離天空很近的客廳
客廳上方的閣樓可作為與屋頂陽台連接的第2個客廳。

越過庭院看見天空
屋頂露台可作為光線充足的南側庭院使用，也同時是客廳可眺望天空的天窗設計。

2F 1:200

不是客廳而是起居室
客廳地板比餐廳高70cm，可做為坐下休息的生活空間。

不能切割為房間
閣樓下方是凹狀距離天花板很近的空間，可再增加隔間作為客房使用，平常則是沒有分割的寬敞使用空間。

上：2樓閣樓，可越過屋頂陽台看見周圍住家的屋頂。
下：1樓的空間1，天花板垂直距離達2.8m，規劃出可作為高處床鋪使用的閣樓區。梯子旁邊是可從房間外側使用的收納空間。

1LF 1:200

善用剖面空間
在有2.8m高的小孩房閣樓下方設置鞋櫃和固定式櫥櫃。

視線的穿透性
視線可穿透1樓玄關、樓梯到達最底端的主臥室，即便是小巧的室內空間，也會感覺空間變得寬敞許多。

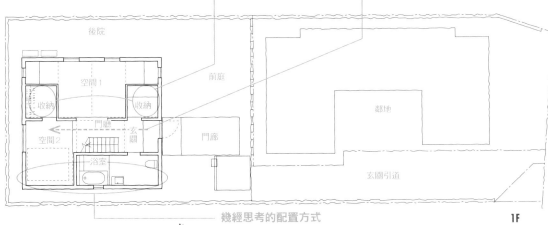

幾經思考的配置方式
由於房屋南側距離建築物很近，北側則是留有空地，所以不必在乎北側鄰地的高度限制，可以將屋頂往上架高。

1F 1:200

土地面積／168.59㎡
總樓地板面積／97.84㎡
設計／STUDIO 2 ARCHITECTS
名稱／CUBE

位在道路交接處，以廚房為中心的多角形土地住宅

房屋位在道路交接的三角地帶，土地形狀接近扇形，由於屋主夫婦為雙薪家庭，所以希望住家能擁有可提升家事效率的順暢生活動線。將玄關和衛浴設備設置在與建築物相連的單層小屋內，房屋主體部分則是找出適當角度與小屋連接，善用利用土地本身特色。初期設計圖幾乎沒有缺失，但收納空間稍嫌不足，因此稍微改變了玄關配置方式，這樣就能擁有更寬敞的收納空間。

房屋相關資訊
家族成員：夫婦＋小孩2人（小學生）
土地條件：建地面積165.00㎡
　　　　　建蔽率 50% 容積率100%
　　　　　位在小規模開發的安靜住宅區內，接近扇形的土地形狀，房屋的3個方向（東南西）都有高低差。

屋主提出的要求
• 日常生活動線流暢的住家
• 大容量的收納空間
• 要有和室、中島廚房、太陽能裝置等

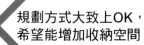
規劃方式大致上OK，
希望能增加收納空間

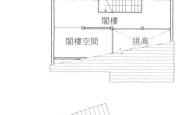

閣樓
閣樓空間　挑高
LF
1:250

主臥室　門廳　小孩房
2F
1:250

空間狹小收納量少
北側玄關在進出上稍嫌不便，而且土間和門廳都過於狹窄，收納空間不夠多。

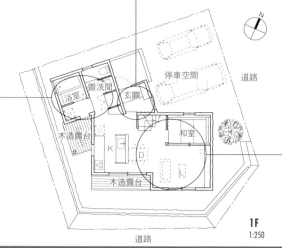

停車空間　道路
浴室　盥洗間　玄關
木造露台　K D　和室　L
木造露台
1F
1:250
道路

空間不夠大
將浴室和廁所等衛浴設備安排在附近，提升家事效率，但由於是並排方式，造成各個空間都很狹窄，收納空間不足。

至少要有收納空間
包括和室在內的LDK收納空間很少，屋主希望還能再增加收納空間，即便空間不大也沒關係。

◎ 收納空間充足，使用上更方便

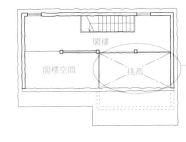

和室內所看到的LDK，從廚房也能直接看見LD與和室。照片右側為樓梯下方的收納空間。

建築物外觀。左側為2層樓高的住宅主體，右側的單層建築則設有玄關和衛浴設備。

廚房旁邊所看到的LD，與客廳相連的和室可以躺下休息，也能作為孩子們的遊戲場所。

方便使用

小孩房不只橫向拓寬，也可延伸至上方閣樓的挑高，擁有橫向與縱向的開放空間，孩子們能在此處自在地成長。

寬敞的使用空間

之後可劃分區域的小孩房，在孩子們還小的時候，先不要設置隔間，作為大空間使用，如果將入口開關門打開，就能和走道、樓梯、門廳連結成寬敞的空間。

配合土地形狀

為了配合土地形狀，將衛浴設備往旁邊移，讓車輛能更好進出。此外，將翻修時間較快速的衛浴設備設置在住家小屋的方式，是屬於傳統的手法，在住家設施的維護上也更輕鬆。

心情愉快地出門

將玄關大門改成從東側進入，避免住家隱私曝光。並拓寬土間、門廳面積，增加玄關收納空間。玄關大門採外開式設計，輕鬆就能推開大門外出。

效率高的家事動線

將廚房與衛浴設備附近的家事動線縮短，洗衣機放置在曬衣場旁邊，有夕陽光照射能讓衣物更快風乾，而且從客廳也不會直接看見曬衣場。

發號施令的廚房

將廚房設在扇形土地的最佳位置，從廚房內不但能直接看到LD、衛浴設備，還能看見玄關的入口。即便在廚房準備做菜，也能隨時掌握家人的動向。

閣樓

閣樓空間

挑高

LF 1:200

主臥室

門廳

挑高

小孩房

2F 1:200

浴室 脫衣場 盥洗間 玄關

洗衣機

木造露台

K D L

和室

停車空間

道路

木造露台

道路

1F 1:200

土地面積／165.00㎡
總樓地板面積／86.05㎡
設計／NTEC
名稱／西条的家

033 以跳躍式樓板拓寬空間，客房有完備衛浴設備的住家

位於住宅區26坪左右的木造3樓房屋，屋主是還沒有小孩的年輕夫妻，希望有2間小孩房，還有能讓親戚住得舒適的客房設施。因此決定將客房安排在1樓，家人的活動空間則是在2樓和3樓。雖然2樓的LDK不算大，但還是能透過包覆式陽台和跳躍式樓板設計，規劃出不單調的開放式空間。

房屋相關資訊
家族成員：夫婦
土地條件：建地面積87.12㎡
　　　　　建蔽率60% 容積率160%
　　　　　附近有大馬路的住宅區，位在三角地帶的方正土地，前方道路狹窄。

屋主提出的要求
- 一定要有衛浴設備完備的客房
- 在保護住家隱私的同時也要有開放感
- 能從室內車庫進出的玄關
- 喜歡作料理，所以對廚房設備很講究

✕ 刪除不必要空間，
考慮實際需要的空間大小

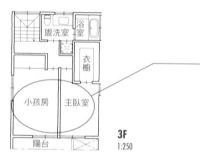

3F 1:250

至少要有4坪大
主臥室至少要有4坪大的空間，小孩房因為之後可能需要劃分區域，所以需設置2個出入口。

更寬敞的空間
上樓梯時的空間狹小且不夠開放，只能作為通往LDK的動線。

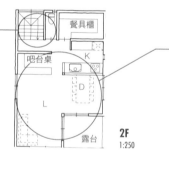

2F 1:250

感覺空間太大
以全家人使用的空間來說空間過大，餐具櫃可擺放家事用品，吧台桌也可與書房共用，希望是整體機能性高的小空間。

玄關太……
家人和客人所使用的玄關都集中在同一個地點，家人使用的玄關太狹窄，客人使用的玄關在車庫角落出入不方便。

1F 1:250

濃縮功能的設計
提供給親戚使用的客房內設施能更精簡完備。

**多種變化感覺
小空間變寬敞**

左：樓梯旁所看到的LDK，前方是陽台，客廳的一部分為逐漸加高的挑高天花板。
右：客廳一隅，可透過高處跳躍式樓板設計空隙中，掌握小孩房內的一舉一動。

廚房前方，從廚房內可直接看到LDK和露台，感受到整個空間的一體性。

設備齊全的小孩房
將隱密的3樓空間作為可分割式的小孩房，扣除閣樓所需空間後，還各自有3坪大的空間。

3F
1:200

在這裡結束
因為不想把清洗衣物曬在陽台上，所以設置了洗衣間。在這個空間內就可一次完成清洗衣物的後續步驟，有效提升家事動線效率。

感受室外環境的廚房
站在廚房內眼前可看見露台景觀，抽油煙機可收納至吧台桌內，在瓦斯爐前方設置直達天花板的對外開口。

設備精簡的客廳
也能有寬敞空間
由於LDK面積不大，所以藉由跳躍式樓板設計，將客廳一部分天花板加高至3.2m，可營造空間開放感。

保護住家隱私
在陽台面向道路的部分設有約4m高的木製百葉窗板，能遮蔽外部視線，陽台也可以和內部形成寬敞的一體空間。

2F
1:200

完整的玄關設施
雖然挪出部分空間作為客房，但還是有足夠空間設置玄關和鞋櫃，也另外規劃了從車庫進出的備用玄關。

直接從道路進出
客房設置有能直接從道路進出的玄關，利用2個方向的道路連接處，改變家人所使用的玄關方向。

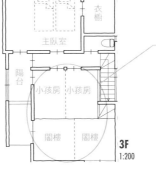

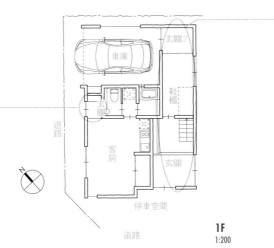

土地面積／87.12㎡
總樓地板面積／134.56㎡
設計／桃山建設
名稱／上池袋的家

1F
1:200

034 住宅密集區也能有2台車的停車空間

　　密集住宅區的條件不算好，所以在南側設置被牆面和木製百葉窗板包圍的露台。LDK、小孩房、臥室、盥洗浴室都採取和露台相關的隔間設計，營造出空間的寬廣度，地板裝有鋼製格柵，讓光線可照射到1樓的預留空間。即便是封閉式的房屋外觀，也能藉由露台、挑高、跳躍式樓板的空間高低差，規劃出開放且光線充足，能享受縫隙空間樂趣的居家環境。

房屋相關資訊
家族成員：夫婦＋小孩2人（小學生＋幼童）
土地條件：建地面積69.78㎡
　　　　　建蔽率60% 容積率160%
　　　　　雖然是安靜住宅區，但四周都緊鄰隔壁住家，前方道路也僅有2m寬。

屋主提出的要求
• 2台車的停車空間
• 能掌握孩子們的動靜，明亮且具開放感的住家
• 要有寬敞的陽台或露台空間
• 日常生活中不必擔心附近鄰居的視線，可隨意開窗

✕ 缺乏拓寬停車空間的設計創意

無法區隔
必須從經由小孩房2進出小孩房1，雖然是小孩房但卻無法劃分空間。

可能無法使用
樓頂陽台離LDK越近越方便，但如果是中間夾著獨立房間，就會降低去陽台的意願，無法適時整理陽台環境，活動路線受阻。

構造耐重力差
很特別的挑高設計，但就構造而言耐重力不佳。

3F
1:200

RF
1:200

出入困難
前方道路寬度約2m，並列停放的規劃方式沒問題，但是在車輛進出時會感覺比較困難，構造上也無法實現。

過於細長的玄關
從道路旁延伸至室內底端的玄關門廳，使用上不太方便。

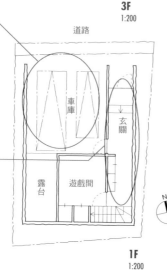

1F
1:200

需增加開放感
2樓的共用空間在配置上因為將浴室設在角落，和陽台之間有很長的距離，導致共用空間的開放度受限。

單一用途
寬度僅有90cm的陽台空間，看來只能作為曬衣空間使用。

2F
1:200

斜放方式規劃出 2台車的停放空間

3樓小孩房，左側為挑高，前方與角落空間採用跳躍式連接方式，可從高低差的空隙中，掌握樓下LD的動靜。

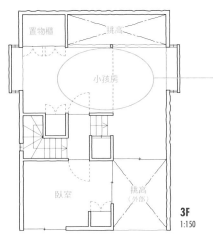

置物櫃 **挑高**

小孩房

臥室 **挑高（外部）**

3F 1:150

有巧思的跳躍式樓板
改變地板高度，打造出孩子們能開心玩耍的空間。2間小孩房都面向挑高，也都能適時與LDK保持互動，之後也能劃分為獨立房間。

光線足夠的LDK
藉由上方的跳躍式天花板讓LDK充滿變化，上層的光線可透過挑高和跳躍式空間的縫隙到達LDK，讓人很難想像外觀如此封閉的住家，室內空間卻是如此明亮具開放感。

K **LD**

浴室 **盥洗室** **露台**

2F 1:150

活動式牆面！
廁所的開關門和平常隱藏在牆內的門能夠隔開共用空間和LDK，將開關門都打開，盥洗室和露台就會成為LDK連貫式開放空間的一部分。

可使用的露台
可與LDK、共用空間連接成環繞式動線，地板裝設有鋼製格柵的寬敞露台空間，木製百葉窗板能夠遮蔽鄰居視線，具備良好的日照通風性。

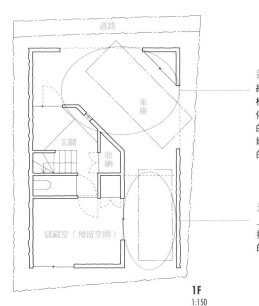

道路

車庫

玄關 **收納**

儲藏室（預留空間）

N

1F 1:150

進出和上下車都方便
經過多次車輛進出和上下車模擬測試，終於找到最好的停車位置配置方式。捨棄傳統的設計方式，規劃出讓車輛能輕鬆進出，上下車也方便的寬廣停車空間。

光線充足的停車空間
上方為露台的停車空間，可接收來自上層穿透鋼製格柵的日照光線。

土地面積／69.78㎡
總樓地板面積／99.88㎡
設計／進榮興業
名稱／西大井的家

攝影：杉野圭

傾斜牆面串聯空間，沒有隔間的寬敞住宅

　　包括停車場在內的各個空間，跨越3個樓層以錯位方式堆疊配置，藉由隔間牆面營造出自由的立體方向感，追求高密度保持寬敞的空間感。從住家南北側所照射進來的多角度光線，經由室內的多方向牆面反射，柔和的光線可照射至整棟建築物的中央部位，天花板和地板融合成一體，呈現出長條狀的樓梯空間，或是樓梯扶手，只要稍微遮住視線，就能享受跟遊樂場一樣的居家空間樂趣。

房屋相關資訊
家族成員：夫婦＋小孩1人
土地條件：建地面積78.68㎡
　　　　　建蔽率60% 容積率200%
　　　　　附近有兒童公園的安靜住宅地，房屋寬度為4.5m，深度有17m的細長狀土地。
屋主提出的要求
- 增進家人間互動的隔間方式
- 要有車庫，還有小型庭院
- 能夠在客廳內使用的書房

✕ 空間使用效率不佳，簡陋的書房設計

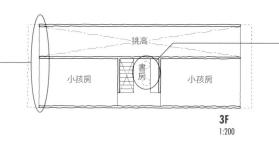

道路方向的壓迫感
前方道路方向的外牆有3層樓高，會對路人造成壓迫，需遵守規定將3樓牆面往後縮。

挑高

小孩房　書房　小孩房

3F
1:200

縫隙間的書房
客廳到書房必須爬樓梯，由於房屋的南北兩端分別有小孩房，所以需要設置天窗。

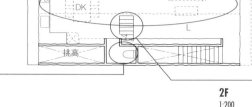

DK　L
挑高

懸浮在挑高上方的廁所
從玄關往南北延伸的2層樓高的挑高上方中央為廁所，還得想辦法隱藏管線。

細長的LDK
由於房屋是搭建在約4m寬的狹窄土地上，再加上樓梯間有設置挑高，導致LDK空間的寬度狹小。

2F
1:200

成為障礙物的樓梯
樓梯位在LDK正中央，會破壞一直線的空間感。

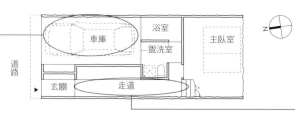

車庫通道
要經過盥洗室才能前往車庫，而且車庫外觀會破壞街道景觀。

車庫　浴室　主臥室
盥洗室
道路
玄關　走道

N

1F
1:200

沒有用處的長走道
因為有設置車庫，所以有玄關通往室內的長走道，需加強空間使用效率。

利用2道樓梯和跳躍式設計串聯起居家空間

左：從客廳往北側看，左邊是通往玄關的樓梯，可同時看見餐廳、廚房、樓梯下方的書房，以及通往3樓的樓梯。

右：2樓中央的樓梯交接空間，因為牆面隔間讓樓梯間呈現條長狀。左側為通往臥室的樓梯，中間是通往客廳的樓梯，右側樓梯則是與玄關相連。

攝影：杉野圭

適度與小孩房連接
與客廳空氣可相互流通，但在視覺上彼此是分開的空間，讓小孩能適度保有個人隱私。

立體的整體空間
2樓是南北穿透的寬敞空間，S型設計不會造成客廳與DK之間的交錯感，而且樓梯間的條狀立體感也能將光線導入室內。

3F
1:200

樓梯下方的書房空間
在通往3樓的樓梯下方設有書房，雖然與客廳相連，但還是能適度和其他空間保持一定距離。

2F
1:200

四分之三開啟
自動化設計的停車場車庫空間和玄關，裝有4道門框的寬廣出入口，可同時將3道門打開。

考慮到鄰居感受
道路旁有建築物林立，所以保留了與鄰居住家共用的街道中央空地空間。

決定隔間方式的樓梯間
為了不要讓車庫旁出現長走道，所以在1樓設置了2道通往2樓的樓梯，還能拓寬2樓的LDK。

1F
1:200

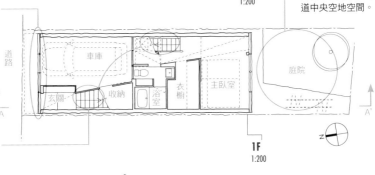

道路

A

A'

N

車庫

玄關

收納

浴室

衣櫥

主臥室

庭院

書房

K D L

立體式的隔間牆面
以立體三角形連接的隔間牆面，因為連結了地板與天花板，以及各個連續性空間，讓建築物整體各個角落都能有良好的光線、自然風、聲音傳導效果，可提升居家氣氛。

小孩房

DK

L

玄關

衣櫥

浴室

主臥室

庭院

A-A' 立體剖面圖
1:200

土地面積／78.68㎡
總樓地板面積／104.66㎡
設計／ALPHAVILLE（竹口健太郎‧山本麻子）
名稱／New Kyoto Town House

036 善用豐富自然環境的溫暖開放式木造房屋

1樓與店舖共用的雙層住宅，由於周邊環境有許多農地包圍，希望能將大自然融入居家環境。在住家周圍設有環繞式的木造露台，在夏天也不會感覺炎熱，還能促進住家北側的空氣流通。從廚房和客廳可直接看見家中各個角落，不管在任何地方，都能和家人互動溝通。在寬廣的土地上，將建築物朝西傾斜20度，讓住家能完整接收到南側的光照和自然風，陽光也能直接被太陽能導熱系統所使用。

房屋相關資訊
家族成員：夫婦＋小孩2人
土地條件：建地面積334.19㎡
建蔽率60% 容積率200%
四周被農地包圍，接近正方形的土地，風吹非常強烈的地區。

屋主提出的要求
• 開放式的住家
• 全家人長時間活動的寬敞客廳空間
• 在廚房內能得知所有人的一舉一動
• 設置挑高，能感受木頭溫潤感的住家環境

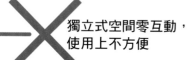

獨立式空間零互動，使用上不方便

夏天炎熱無法使用
位在房屋南側的凸出式露台，到了夏天氣溫會急速上升，而無法使用。

中央樓梯的使用方式
將樓梯設置在房屋中央，造成各個房間使用上的困難。如果不好好規劃各個房間的活動路線，會淪為毫無用處的空間。

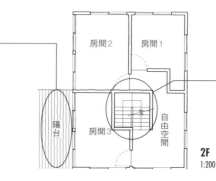

房間2　房間1

陽台

房間3　自由空間

2F
1:200

完全分離有好處也有壞處
將美容室作為隱密空間的規劃方式很不錯，但不需要完全隔離，還是希望能保有與家人之間的互動。

使用不便的儲藏室
距離廚房遠使用上不方便，由於位在住家的角落，很容易在擺放物品後就放置不管。

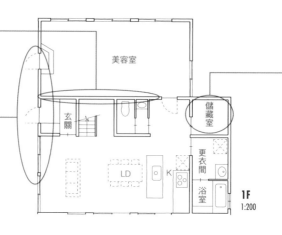

美容室

玄關

儲藏室

LD　K

更衣間

浴室

1F
1:200

阻擋西風
由於房屋南側為平坦設計，西側通風性不佳，再加上LDK和美容室隔開，導致住家通風效果變更差。

可隨時掌握家人動態的動線規劃

右：1樓 LDK，站在中島廚房前，可一眼看穿室內整體空間，一旁有距離很近的戶外木造露台，空間開放感絕佳。
右：2樓小孩房，現在是無通道隔離的單獨使用空間，左側的挑高與樓下連接。

1 外部與室內連接的舒適住家

2 寬敞舒適的住家

3 採光通風良好的舒適住家

4 可遠眺絕美風景的住家

5 多代同堂‧出租合併住宅

互動性佳且日照充足
小孩房的挑高不但能促進上下樓層家人的互動溝通，還能將南側溫暖陽光帶往1樓空間。

暢行無阻的臥室
在衣櫥設置2個出入口，規劃出臥室的環繞式往來動線。開放式的衣櫥空間深度夠使用方便，通風效果良好。

2F 1:200

能掌握家人動態
在美容室內也可透過通道得知LD的家人動態，不只是單純的動線空間，同時也是傳達家人情感的橋樑。

兩旁皆可使用
能大量放置美容室到廚房所有區域雜物的儲藏室，因為沒有「角落」空間，不會浪費任何空間。

通風良好的室內空間
房屋東側有凸出的和室設計，可以將大量的自然風引導至室內，讓家中隨時都能有舒服的風吹效果。

家人團聚的木造露台
特別是在夏天這裡是太陽不會照射到涼爽的場所，會經常與家人相聚在此。

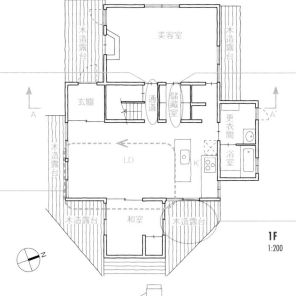

1F 1:200

建築物外觀，採用朝西側傾斜20度的配置方式，能得到良好的日照和通風效果。

土地面積／334.19㎡
總樓地板面積／133.00㎡
設計／ITOKO
名稱／南大清水的家（S邸）

善用太陽能
熱空氣會逐漸往上升起到達室外，家中的空氣流通就得靠樓梯挑高的幫忙，整棟住家連結成一體空間，能藉由太陽能導熱系統來調整大空間的環境溫度。

A-A'剖面圖 1:200

037 立體式連接設計打造出比實際面積寬敞的住家

有高低差的梯形建地，為了有效利用土地特色，將集中在西側的衛浴設備，以及LD的南側建築物，採以45°傾斜的配置方式。此規劃可成功挪出「主要庭院」和「小庭院」等，總計3座庭院的空間。其中一個特色是將建築物中隨處可見的三角空間，作為收納區來使用。打造出寬敞的1樓空間，以及利用樓梯門廳挑高連接的2樓和閣樓空間。以水平、垂直方式連接所有空間，其寬敞程度真的讓人難以想像這是間地板面積只有41.23坪大的房屋。

房屋相關資訊
家族成員：夫婦＋貓1隻
土地條件：建地面積260.05㎡
建蔽率50% 容積率140%
被歸類為兩種日本建地規定的梯形土地，房屋東側、南側皆與道路相連，和道路高低差有2m左右。

屋主提出的要求
• 大量的收納空間（尤其是書房）
• 廚房面積要有能容納2個人的作菜空間
• 從客廳和玄關不會直接看見廚房

✕ 會直接從客廳看見狹小廚房

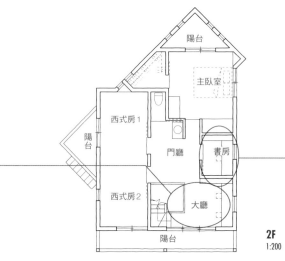

鋼琴擺放位置
沒有隔音間也沒關係，想要將鋼琴擺放在單獨空間內，如果放在客廳或大廳，會被電視音量影響。

空間過小！
屋主表示有許多書籍和電腦相關物品，希望書房和書櫃能有足夠收納空間。

2F
1:200

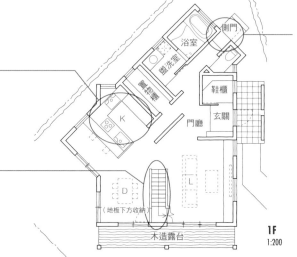

無法同時容納2人
如果是一般家庭或許沒問題，但這樣的廚房大小，實在不符合「2個人的作菜空間」要求。

錯誤配置方式
在餐廳地板下方設有收納區，樓梯可通往2樓和下方收納區，樓梯具有空間存在感，但這個位置的存在感實在太過強烈。

根本不需要！
表示不需要設置側門，需刪除不必要設施。由於側門的通道會對廁所和盥洗室造成壓迫，沒有這個設計能讓空間更顯寬廣。

1F
1:200

閣樓內的書房，左側是2樓
鋼琴室和書房互相連接的開
口處。

⊚ LDK空間的環繞式動線，不會直接看到廚房

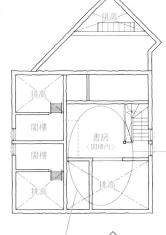

LF
1:200

保持互動
規劃有主要用來打電腦的書
房、鋼琴室、書櫃區，未直
接區隔這3個空間，讓其保
有連結感。

上：1樓LDK，以中央的牆面收納為中
心，廚房到右側客廳以L形連接。
下：道路旁的建築物外觀。

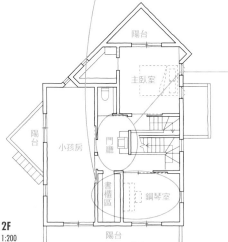

2F
1:200

其實很方便
一般來說都會將有120㎝寬
的洗手台設在隱密處，但這
次卻反而將其擺放在房屋正
中央的門廳，屋主夫婦入住
後對此規劃開心表示「使用
洗手台的次數變多了！」。

一起在廚房裡作菜
朝向外牆的L型廚房空間設
有2個水槽，能容納2個人
的寬廣空間，使用效率絕佳。

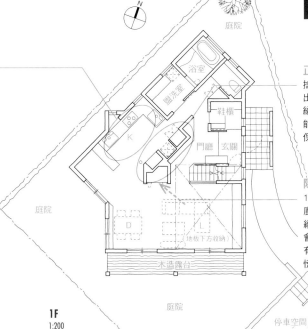

正中央的牆面收納
捨棄單純的隔間方式，規劃
出棚架、冰箱、餐具櫃等收
納區，由於旁邊設有樓梯，
能和玄關門廳以及客廳都能
保持一定距離。

隱藏廚房
1樓幾乎是無隔間空間，有
廚房→餐廳→客廳的環繞連
續空間，從玄關到客廳都不
會直接看見廚房，就算突然
有客人造訪，也不會感到驚
慌失措！

土地面積／260.05㎡
總樓地板面積／130.89㎡
設計／OZAKI建設
名稱／鶴澤的家

1F
1:200

以螺旋式樓梯有效利用空間的細長土地

寬度僅有4m，長度達10m以上的細長狀土地，要懂得如何善用此類型土地的狹窄寬度空間，錯誤的樓梯設置方式就會產生很多問題。所以將樓梯設計成螺旋狀，儘可能挪出多點空間給LD。被玻璃正方體包圍的樓梯，將2樓LDK的廚房和LD間隔開，但在視覺上三者仍舊是相連空間。這樣的規劃方式不但能保護住家隱私，還能營造出內部空間連結感的住家。

房屋相關資訊
家族成員： 夫婦＋小孩1人（幼童）
土地條件： 建地面積76.93㎡
建蔽率60% 容積率160%
寬度約為4m的細長狀土地，位在距離車站只要走路10分鐘的密集住宅區內。

屋主提出的要求
• 家人互動良好的格局規劃方式
• 阻擋外部視線，保護住家隱私
• 半開放式的廚房設計
• 螺旋式樓梯、足夠的收納空間、遊戲間等

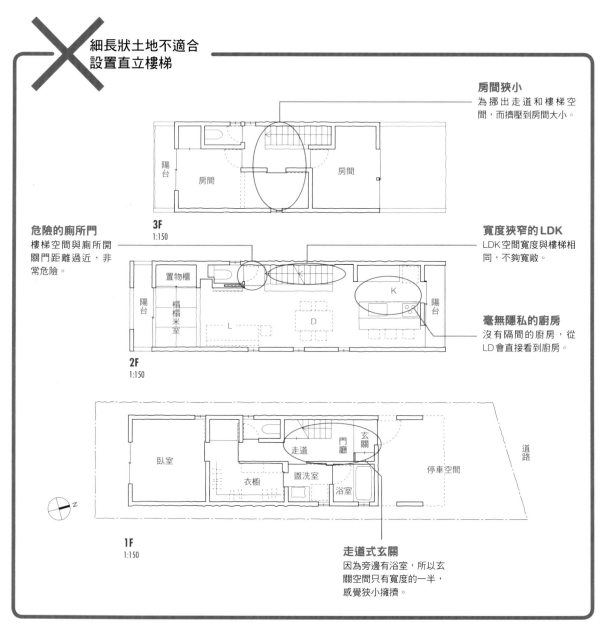

✕ 細長狀土地不適合設置直立樓梯

房間狹小
為挪出走道和樓梯空間，而擠壓到房間大小。

3F
1:150

危險的廁所門
樓梯空間與廁所開關門距離過近，非常危險。

2F
1:150

寬度狹窄的LDK
LDK空間寬度與樓梯相同，不夠寬敞。

毫無隱私的廚房
沒有隔間的廚房，從LD會直接看到廚房。

1F
1:150

走道式玄關
因為旁邊有浴室，所以玄關空間只有寬度的一半，感覺狹小擁擠。

螺旋式樓梯
讓LD保有寬敞空間

2樓的LD，將樓梯改為螺旋式，可確保寬敞的房間大小。並加強榻榻米室的剖面空間變化，成為可放鬆身心的舒適空間。

寬敞的自由空間
特地保留大面積的房間，鋪上鮮豔的地毯，可作為遊戲間使用。

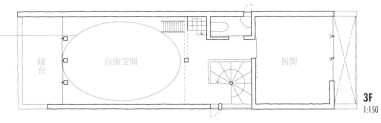

3F
1:150

LD 的收納
LD 空間夠寬廣，有足夠的收納空間。

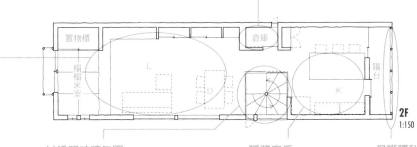

2F
1:150

開放的LD空間
由於採用了螺旋式樓梯設計，得以保留足夠空間設置LD，而且空間開放。

以透明玻璃包圍
考慮到房屋的空調效果以及開放程度，決定利用透明玻璃圍住樓梯，讓室內空間能保持明亮，又能有效遮蔽視線，還能防止冷暖氣的溫度流失。

隱藏廚房
利用螺旋式樓梯將空間區隔開來，即便廚房與LD相連，也不需在意他人視線。

保護隱私
在靠近道路的後陽台裝設有沖孔金屬網板，可保持通風，還能阻擋外來視線。

房屋正面外觀

土地面積／76.98㎡
總樓地板面積／130.86㎡
設計／K‧I‧S
名稱／山坂的家

1F
1:150

寬廣的玄關
玄關因為和樓梯形連接成一體，能有效拓寬玄關空間。光線可從樓梯上方往下照，讓玄關保持明亮。

039 挑高的寬敞LDK空間能有效調節室內溫差

屋主表示「住家內儘盡量不要仰賴設備機器」，所以在規劃時特別注重房屋的日照遮蔽與通風性，進而設計出合適的居家空間。把建築物當作是一個大空間，個別空間以一道拉門作出隔間，如此便能讓房屋具備「通風良好」、「室內空間溫差小」的優點。以及考慮到每天的日常活動，所規劃出家事往來動線流暢的室內空間。

房屋相關資訊
家族成員：夫婦＋小孩2人
土地面積：建地面積 500.01㎡
　　　　　建蔽率 60% 容積率200%
　　　　　農地旁的部分寬敞土地，為東西細長狀，西側連接道路。

屋主提出的要求
• 不要安裝空調等機器
• 1樓能有全家的衣服收納空間
• 以家事動線流暢為設計優先考量
• 有土間儲藏室和燒柴暖爐設備

✕ 沒有規劃好屋內動線，造成生活上的不便

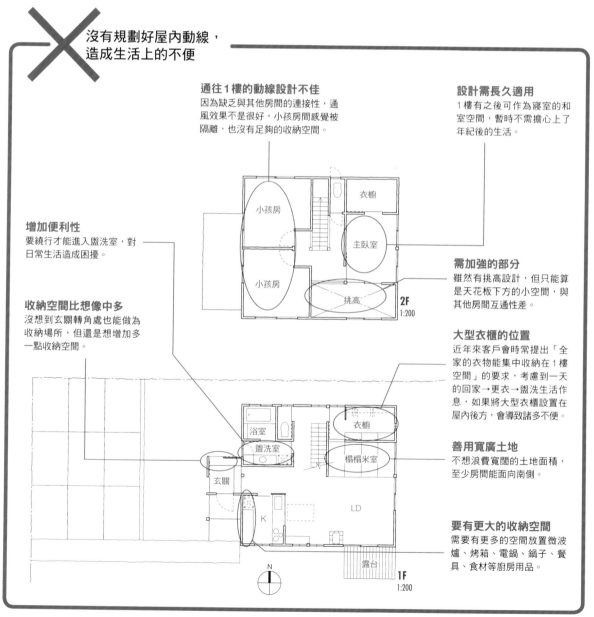

通往1樓的動線設計不佳
因為缺乏與其他房間的連接性，通風效果不是很好，小孩房間感覺被隔離，也沒有足夠的收納空間。

設計需長久適用
1樓有之後可作為寢室的和室空間，暫時不需擔心上了年紀後的生活。

增加便利性
要繞行才能進入盥洗室，對日常生活造成困擾。

收納空間比想像中多
沒想到玄關轉角處也能做為收納場所，但還是想增加多一點收納空間。

需加強的部分
雖然有挑高設計，但只能算是天花板下方的小空間，與其他房間互通性差。

大型衣櫃的位置
近年來客戶會時常提出「全家的衣物能集中收納在1樓空間」的要求，考慮到一天的回家→更衣→盥洗生活作息，如果將大型衣櫃設置在屋內後方，會導致諸多不便。

善用寬廣土地
不想浪費寬闊的土地面積，至少房間能面向南側。

要有更大的收納空間
需要有更多的空間放置微波爐、烤箱、電鍋、鍋子、餐具、食材等廚房用品。

小孩房　衣櫥　主臥室　挑高　2F 1:200

浴室　盥洗室　衣櫥　玄關　榻榻米室　K　LD　露台　1F 1:200

謹慎思考房間配置方式，提升家事動線效率

上：傾斜式天花板的挑高LDK，2樓的小孩房可藉由挑高與1樓LDK連接。
下：從挑高處往下看，榻榻米室底端設有衣櫥。

寬敞空間
利用屋頂內部空間作為挑高與其他房間連接，可改善通風效果，還能營造出開放空間感。

A-A' 剖面圖
1:200

相互連接的房間
打開門就是客廳空間，家人能隨時掌握小孩房的狀況。

大容量的收納
利用屋頂內部空間進行收納，雖然天花板離地板很近，但這樣的收納空間已十分足夠。

2F
1:200

有安全感的1樓臥室
考慮到屋主夫婦上了年紀後的生活，決定將臥室設在1樓房屋的東北側，不會受到夕陽日照影響，通風性佳，是最適合作為臥室空間使用的地點。

順暢的移動路線
以直行動線提升家事效率，方便往來廚房與盥洗室之間。

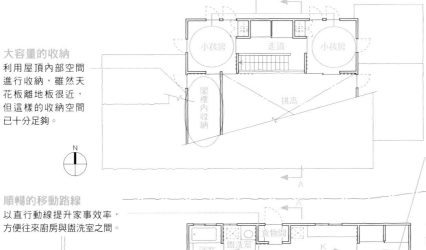

1F
1:200

土間儲藏室
可收放農作用具、外出用品等物品，使用時方便拿取。

最舒服的方向
窗戶位置過度分散並不好，應該要集中在一處，讓室內能有涼爽的休憩空間。這裡裝設的是大型的景觀用密閉窗，而為了提升通風效果也在下方設置推窗。

建地面積／500.01 ㎡
總樓地板面積／113.44 ㎡
設計／小林建設
名稱／因應四季變化的大型窗住宅

集四個優點於一身的外牆
這道牆不但能阻擋西風（冬天）與夕陽光照，還能迎來東風（夏天），適度遮蔽訪客視線，讓住家整體舒適度向上提升。

曬衣・折衣・收納
考量到每天的曬衣、折衣、收納的洗衣程序，這是最好的空間規劃方式。

040

有可變動的寬敞法事空間，全家人能舒適居住的家

佔地較寬廣，4人家庭所居住的房屋，小孩已經是大學生和高中生，希望能規劃出讓4個大人能保持家人間良好互動的住宅環境。此外，屋主表示要有能夠舉行法事的寬敞和室，以及因應老年生活的照護設施。但由於舉行法事用的和室平常不會使用，這樣反倒會造成空間的浪費，於是在設計時決定將寬敞空間的一部分作為將來的照護空間，規劃出與日常生活空間有所區隔的活動路線。

房屋相關資訊
家族成員：夫婦+小孩2人（大學生、高中生）
土地面積：建地面積 409.12m2
　　　　　建蔽率 60% 容積率200%
　　　　　位在周圍有農田景觀的安靜住宅區，東西向長方形的平坦土地。

屋主提出的要求
- 聯繫家人感情的隔間方式
- 會邀請鄰居來家中進行法事祭祀活動
- 因應之後年邁的照護設施
- 多樣化的衛浴設備動線，注重空間使用效率

✕ 使用規劃不夠完善的寬敞和室

不必完全隔開……
希望夫妻房間是「不相連不分離」的狀態，而利用衣櫥作區隔，彼此空間獨立性過高。

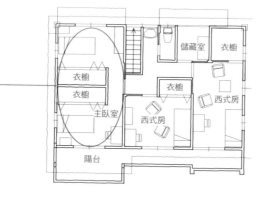

衣櫥　衣櫥　主臥室　西式房　陽台
儲藏室　衣櫥　衣櫥　西式房

2F
1:200

與要求相去甚遠……
希望能設計出有西洋風的和室空間，但由於無法提出明確的使用方式，反倒淪為不知如何使用的空間。

沒有任何作用
想另外設置舉行法事時的客人專用玄關，但由於只有舉行法事時才會使用，實在沒有另設玄關的必要。

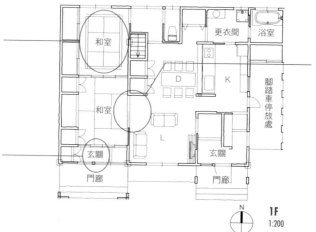

和室　更衣間　浴室　D　K　和室　腳踏車停放處　玄關　門廊　L　玄關　門廊

有訪客時會感覺不自在
這個地區習慣性會招待客人來參加法事活動，所以特地規劃了和室空間，但由於直接與LDK相連，有客人來訪時會感覺不自在。

1F
1:200

N

以俐落動線劃分寬敞空間

進行法事的和室，前方右邊的拉門通往玄關，左邊的拉門則是與LDK相連。左手邊拉門後則是西式房，無法長時間坐在榻榻米上的老年人，也可以坐在椅子上參加法事。西式房將來會成為家人的照護空間。

這才是「空間相連又分開」的狀態

利用可動式隔間設計，完成「空間相連又分開」的想法，衣櫥的位置也以使用方便為優先。

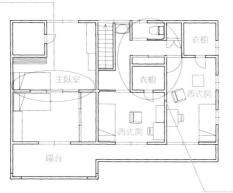

2F 1:200

主臥室／衣櫥／西式房／西式房／陽台／衣櫥

1樓LD，電視後方設有廚房，LDK空間彼此相連，但還是能展現出獨立空間感，家人之間的對話也能傳導至各自所在區域。

公平分配

縮小共用的儲藏室空間，加大小孩房的衣櫥面積，各自擁有足夠大小的衣物收納空間。

實用的西式房

將來可作為看護空間使用的西式房，如果訪客增多還能作為進行法事時的開放式空間，不能長時間坐在榻榻米上的老年人也能坐在椅子上。

這才是「客房」

獨立性高的和室空間，具備包括招待客人等活動在內的3條通行路線，以使用方便為主要考量，是家人和訪客都能感覺自在的居家空間設計。

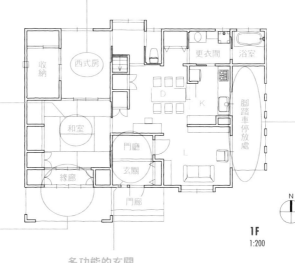

1F 1:200

收納／西式房／更衣間／浴室／腳踏車停放處／和室／門廳／玄關／緣廊／門廊

寬廣的半戶外空間

有屋頂的腳踏車停放空間很寬敞，同時可作為戶外使用的物品擺放處或是小型的活動場所。

舒服的和室緣廊

陽台下方的寬廣露台可作為和室緣廊，適合用來享受日曬和夕陽微風的最佳地點。

建地面積／409.93㎡
總樓地板面積／163.93㎡
設計／大清建設
名稱／北名古屋的家

多功能的玄關

玄關門廳隔開家人動線與訪客動線，規劃出簡單明瞭的玄關環繞式移動路線。

041

維繫家人情感，擁有寬敞車庫空間的住家

土地面積較寬廣，主要希望內部設計能增加家人互動，自由度高可變動的格局規劃等，以及擁有可保養車輛和腳踏車的車庫。由於原有的木造房屋設計寬度無法停放2台車，所以便拓寬車庫空間，讓第2台車可停放在門廊。室內空間則是利用露台連接LDK和庭院，能有效提升生活空間的寬敞一體性。

房屋相關資訊

家族成員：夫婦＋小孩1人（幼童）
土地條件：建地面積246.62㎡
　　　　　建蔽率60% 容積率200%
　　　　　屬於第1種中高層住居專用地※的住宅
　　　　　區，約有3m寬的長方形土地。

屋主提出的要求

- 能隨時掌握孩子們一舉一動的住家空間
- 因應將來生活型態改變，可自由變化的格局規劃方式
- 全天候都能進行車輛保養的空間
- 和室、耐震性、避免出現病態建築症候群※等

※ 第1種中高層住居專用地：指適用於日本都市計畫法中的居住區域，需遵守不破壞中高層住宅住家環境的規定。

※ 病態建築症候群（Sick Building Syndrome ,SBS）：因長時間待在建築物內，受到室內建材、通風、採光等環境因素影響所引發的身體不適症狀。

✕ 沒有足夠的車輛保養空間，封閉式的隔間方式

擾人的牆面！
為了讓房屋能夠承受地震搖晃，而在多處設置牆面，卻會影響之後的空間變動自由度。

不夠寬敞
雖然能停放2台車，但車庫內卻沒有足夠空間能進行車輛的保養裝修。

西式房
儲藏室
衣櫥
主臥室
西式房
書房
晾衣間

2F
1:200

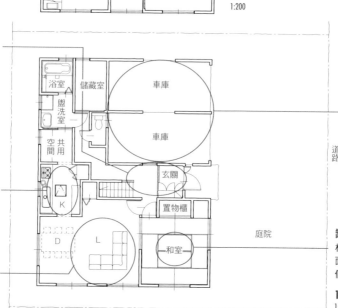

冷風從玄關竄入！
玄關與玄關門廳之間呈現些微傾斜連接的狀態，導致包括更衣間在內（盥洗室）、廁所、樓梯在內的空間，一到冬天就會變得非常寒冷。

孤單的廚房
由於廚房和LD分開，所以在準備食物和清洗食材時，都無法和家人有所互動。

活動路線中斷
客廳和餐廳都擠在同個狹小空間，沒有多餘空間能讓小孩自由奔跑玩耍。

浴室
儲藏室
車庫
盥洗室
共用空間
車庫
玄關
K
置物櫃
D
L
和室
庭院
道路

缺少整體感
相較於LD空間，和室面積稍嫌過大，而且兩個空間缺少整體感。

1F
1:200

利用玄關引道
拓寬車庫空間

與玄關引道相連的車庫，部分右側玄關引道也可用來停放車輛。

餐廳內所看到的LDK，與和室、木造露台、庭院相連的一體空間，光線會透過客廳上方的挑高照射至室內。

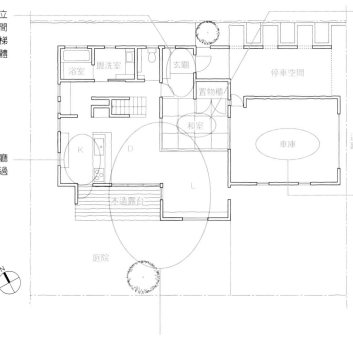

多功能的挑高
挑高能幫助光線照射至客廳，並藉由自然風的流通來降低1、2樓的溫差，還能讓家人間保持溝通互動，營造出具開放感氣氛又舒適的居家環境。

2F
1:200

與玄關分開
玄關和門廳為各自獨立空間，LDK等其他空間可藉由挑高與客廳樓梯設計，提升建築物整體的空調效率。

能和家人互動的廚房
在廚房時不僅能和客廳的家人互動，還能透過挑高掌握2樓的動靜。

平時可使用的和室
設有6道拉門，以及置物櫃收納空間，平時能當作榻榻米客廳使用。能夠從玄關直接進入，也能作為客房使用。

車輛保養裝修空間
在玄關前方的玄關引道設有屋頂作為車庫的一部分，有足夠空間可用來保養車輛和收納物品。

1F
1:200

內外一體的安定感
改以木造露台連接庭院與室內空間，天氣好的時候，小孩可室內室外奔跑玩耍，也可以直接從廚房進出露台。

建地面積／246.62㎡
總樓地板面積／172.86㎡
設計／Mag Haus yunite
名稱／I邸

將客廳設置在2樓，可明顯感受到周圍環境變化的住宅

屬於土地整建的初期計畫，由於周遭建築物不多，所以大膽將客廳設置在2樓。考慮到周邊環境以及與主要道路連接的土地環境，有特別針對之後的日照和噪音問題來進行規劃。2樓LDK設有寬度達2m的拉門，在客人來訪時可將門關上，與北側木造露台相連，夏天可在此享受夕陽微風吹拂的舒適感。並採用太陽能導熱系統，打造出可隨意欣賞周邊景色，居住舒適的LDK空間。

房屋相關資訊
家族成員：夫婦＋小孩2人
土地條件：建地面積166.81㎡
　　　　　建蔽率60% 容積率200%
　　　　　位在土地整建計畫區內的道路交接處，房屋的北側與西側和道路連接，土地形狀接近正方形。

屋主提出的要求
• 與家人互動良好的設計
• 客廳設在2樓
• 廚房可看見所有人的一舉一動
• 感受到木頭溫潤感的住家

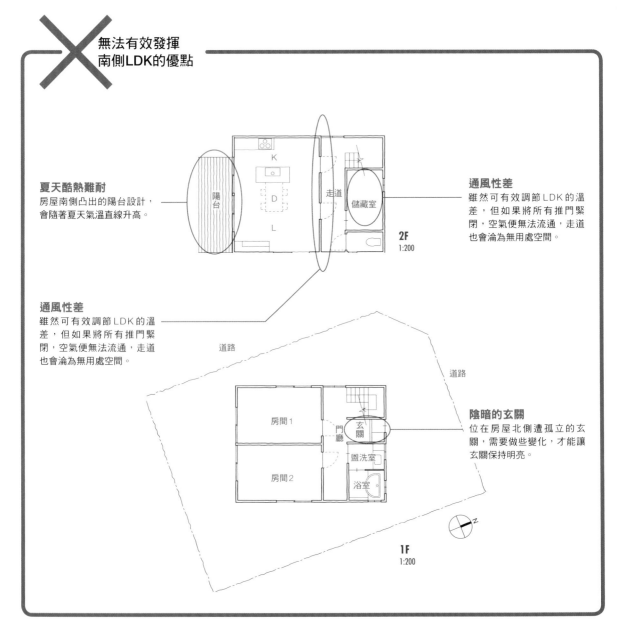

✕ 無法有效發揮南側LDK的優點

夏天酷熱難耐
房屋南側凸出的陽台設計，會隨著夏天氣溫直線升高。

通風性差
雖然可有效調節LDK的溫差，但如果將所有推門緊閉，空氣便無法流通，走道也會淪為無用處空間。

通風性差
雖然可有效調節LDK的溫差，但如果將所有推門緊閉，空氣便無法流通，走道也會淪為無用處空間。

陰暗的玄關
位在房屋北側遭孤立的玄關，需要做些變化，才能讓玄關保持明亮。

K
D
L
陽台
走道
儲藏室
2F
1:200

道路
道路
房間1
門廳
玄關
盥洗室
浴室
房間2
1F
1:200

居住安心且舒適的 2樓寬敞空間

2樓LDK，以樓梯為中心的寬敞環繞式開放空間。將樓梯旁的大型拉門關上後，能隔開餐廳空間，確保住家隱私不會曝光。

可自由開關
突然有客人來訪時，可直接將寬度達2m的拉門關上，隔開廚房和客廳空間，打開拉門則又恢復為LDK一體的寬廣空間。

大家的共用桌
可作為屋主的工作桌、小孩的唸書桌，能因應各種用途使用。提升與家人間的互動，是全家共用的書房區。

2F 1:200

放鬆身心的戶外空間
在夏天夕陽落下天空逐漸變暗時，喝著冰涼的啤酒，會讓人感覺身心舒暢的陽台空間。

2樓客廳旁的室內全景，中央底端的窗戶與東側陽台相連。

1F 1:200

洗手台兼盥洗室
廁所前有設置洗手台，從玄關進到室內可直接在此處洗手，配置方式得宜。

簡單整齊的空間
將盥洗室設在別處，浴室前方有更衣間和洗衣機，不需擺放洗手洗臉用品，空間顯得更乾淨整齊。

避免強烈陽光照射
加大屋簷面積，可遮蔽夏天陽光照射，還能讓冬天太陽高度較低時，幫助陽光傳導至客廳內。

建地面積／166.81㎡
總樓地板面積／98.00㎡
設計／ITOKO
名稱／平尾的家（F邸）

A-A' 剖面圖 1:200

建築物外觀，由於採用房屋和道路不平行的配置方式，可有效阻擋來自鄰居住家窗戶的視線。

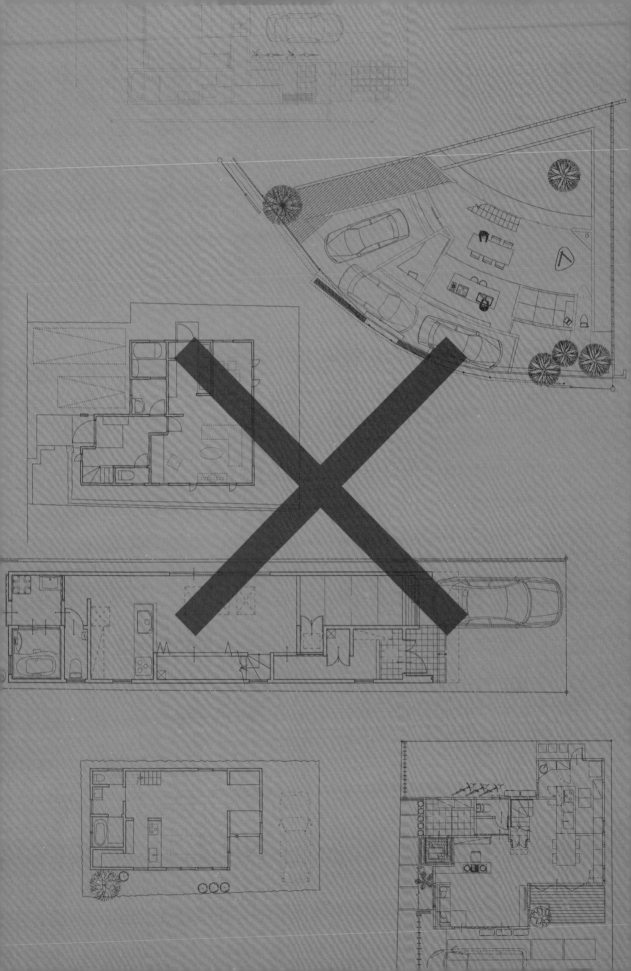

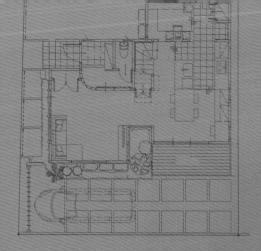

Chapter 3
採光通風良好的舒適住家

在思考格局規劃時，最重要的是人的動線、光線及通風。位在都市密集住宅區內的住宅，可以藉由隔間方式，即便是狹小、不方正、朝北的土地，也能打造出既明亮又通風的住家空間。

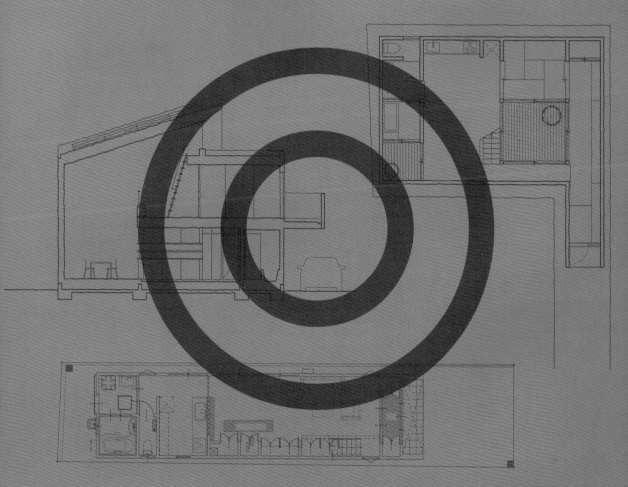

利用水泥花磚牆面
讓住家內部有絢麗光線照射

　　沿著連接道路的土地邊緣設置花形磚，形成一道光照牆，會隨著自然光的變化，讓室內空間產生多變氛圍。夏天可避免酷熱的夕陽照射，中庭的水池則能營造出微風涼爽感。由水泥與石頭鋪成的地板，在夏天打赤腳也不會感覺不舒服，冬天也能靠著利用午間陽光的直接蓄熱系統保持室溫。這樣的居住環境可以說是透過花形磚光罩牆，盡最大能力將周圍自然環境帶入居家空間的節能住宅。

房屋相關資訊
家族成員：夫婦＋小孩3人（國中生、小學生）
土地條件：建地面積203.62㎡
　　　　　建蔽率40% 容積率100%
　　　　　位在道路交通流量大的三叉路交接處，道路邊界線呈現曲線狀，一旁有4層樓的建築開口處面向土地，很難保有隱私空間。

屋主提出的要求
• 獨特的設計
• 可增進家人互動的住家規劃

**✕ 房間空間
過度配合扇形平面土地**

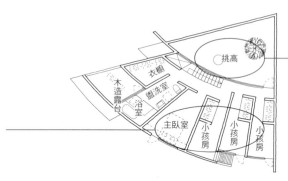

面積過大
庭院範圍太大，壓縮到其他房間面積大小。

使用困難
按照土地形狀規劃空間分配，造成各個空間形狀不夠方正，使用上出現困難。

2F
1:300

圖中標示：木造露台、衣櫥、盥洗室、浴室、挑高、主臥室、小孩房、小孩房、小孩房

價格貴
這樣的設計很美觀，但曲形玻璃價格貴，可能會超出預算。

感覺不自在
廚房前方有設置開口，會很在意來自道路和鄰居住家的視線。

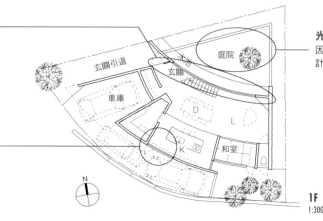

圖中標示：玄關引道、車庫、玄關、庭院、D、L、K、和室

光線有些昏暗
因為採用房屋開口朝北的設計，採光效果差。

1F
1:300

靠近道路旁的挑高，
拉長與外部的距離感

建築物外觀

左：從客廳旁往餐廳方向看，可看見樓梯前方的外部挑高空間，有拉長DK和客廳實際距離的效果。
右：挑高處往下看，2樓像是有挑高環繞，從道路旁的磚牆到木造露台，規劃出環繞式動線。

不會破壞街景
為了確保房間寬度，將主臥室設在3樓，為了不要讓街景對室內造成壓迫感，把房間位置特別往內移了一些。

3F 1:300

內部寬廣空間
透過挑高可看見對面的樓梯等設計方式，利用挑高讓內部空間產生寬闊感。

只會阻擋視線
光照外牆能遮蔽來自道路的視線，可保護住家隱私，採光和通風效果良好。

療癒空間
將客廳的地板稍微往下降，打造出能放鬆身心的空間。

2F 1:300

花形磚
沿著平緩土地界線搭建的花形磚光照牆，隨著自然光線的分秒變化，讓屋內氣氛跟著轉變。

將來可合併為1個房間
為了在孩子們離家獨立後，能將此空間作為寬敞房間來使用，所有的隔間都是採用木頭牆面。

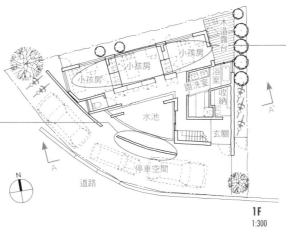

1F 1:300

閃爍光線
照耀在水池的反射光，讓室內空間充滿各種變化，是能夠感受大自然的舒適居家環境。

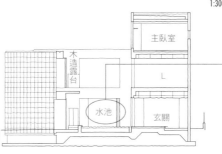

A-A' 剖面圖 1:300

建地面積／203.62㎡
總樓地板面積／158.61㎡
設計／MENIERA建築設計事務所（大江一夫）
名稱／Y邸

044 為解決噪音問題並保有隱私，利用「巨大外殼」包覆房屋

位在房屋與房屋間狹小走道的底端，由於鄰近有主要道路，希望能擁有解決噪音問題，保有隱私的居家生活空間。因此決定採用以一層巨大外殼包覆房屋的設計方式，內部空間則有從南側空隙間灑落進室內的光線照射、從1樓LD到2樓的圖書室、屋頂的草地，都是在視覺上以垂直方式與天空相連的挑高空間。

> **房屋相關資訊**
> 家族成員：夫婦
> 土地條件：建地面積97.68㎡
> 　　　　　建蔽率60% 容積率200%
> 　　　　　距離主要道路近，位在死巷內寬廣的長方形土地
> **屋主提出的要求**
> • 像待在戶外能感受綠意的室內空間
> • 廚房位在隱密處，但不要過度封閉
> • 在LD空間擺放大桌子
> • 稍微與外界隔離，可安心居住的住家空間

✕ 生活空間太靠近道路

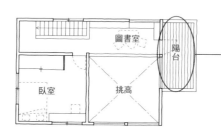

2F
1:200

陽台距離遠
陽台位置雖然在日照充足的東南側，但與其他空間距離遠，使用上不方便。

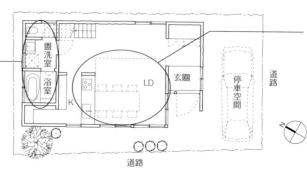

便利性不足
將盥洗更衣間統一設在房屋北側，雖不佔空間，但由於客廳與餐廳為直線連接，會造成使用上的不方便。

過度開放的LD
採用開放式設計，將客廳與餐廳設置在南側，但由於房屋南側正是許多行人會走動的狹窄巷道，無法保障居家隱私不被侵犯。

1F
1:200

外牆包覆式設計讓空間往上延伸

左：從最高處往下看，正前方為大範圍的土壁牆面螢幕。
右：1樓的LD所看到的視野，室內空間被巨大的外殼所包覆。

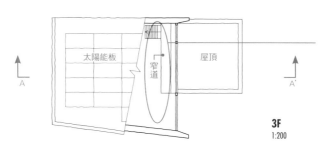

太陽能板　窄道　屋頂

3F
1:200

細長窄道
最上層的窄道是唯一能往下看到屋頂庭園和1樓的開放式空間，能夠直接往下眺望所有室內的地方。

可變動性
開放式的圖書室空間，其功用不只是圖書收納，還可以成為座位區、書房、下午茶房等空間用途，空間寬廣將來也能作為小孩房使用。

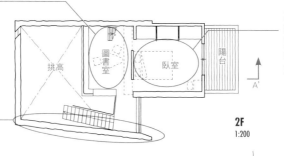

挑高　圖書室　臥室　陽台

2F
1:200

放鬆身心的空間
臥室為2樓唯一的獨立空間，越深入內部空間越隱密，是稍微與其他空間隔開的放鬆空間。

向上拓寬延伸的牆面
牆面與天花板都採用有些傾斜的設計，除了有拓寬密閉空間的效果，還能改善噪音問題，再加上從縫隙空間透出的光線，讓整個室內空間顯得複雜多變又有趣。

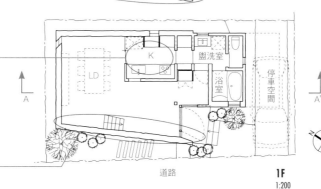

K　LD　盥洗室　浴室　停車空間

道路

1F
1:200

有變化的廚房
把廚房的門關上就成為獨立空間，打開門則成為環繞式往來的自由變換空間。

巷道的半開式牆面
在行人頻繁路過的一側設置封閉式牆面，並在另一側的死巷設置開口。這樣的設計能確保居家隱私，開口處也不會對街道造成壓迫，在保護住家隱私的同時，又能和鄰居保持良好關係。

交錯的縫隙空間
簡單以巨大外殼包覆2個樓層的空間架構，而讓室內出現朝著巷道和天空的開放式縫隙空間。雖然是密閉式的室內空間，卻能產生向上延伸的舒適空間感。

影音播放場地
北側的土壁牆面可作為投射螢幕使用，不只在1樓，就連圖書室、樓梯間和樓梯都能成為座位觀賞區。

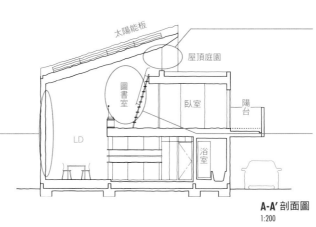

太陽能板　屋頂庭園　圖書室　臥室　陽台　LD　浴室

A-A' 剖面圖
1:200

分散的活動空間
以縱向堆疊方式分配空間，舒適的空間分散在各個地點，讓居住者產生既密閉又開放的「隔離式」空間感。

建地面積／97.68㎡
總樓地板面積／78.88㎡
設計／FEDL（伊原孝則）
名稱／YADOKARI

若即若離的室內空間，採用跳躍式樓板與中庭設計的住家

要在狹窄土地上規劃出短距離和最短活動路線，利用跳躍式樓板來連接中間夾有中庭的房間設計會是最佳選擇。在此案中則是將半地下的臥室、2樓的小孩房，以及樓頂露台，藉由中庭設計以半層樓交錯方式與客廳、玄關、浴室方向的地板相互連接。之所以會刻意採用這樣的交錯方式，是希望能營造出各個不同開放程度的空間。將屋主提出的「家人可放鬆開心居住，隨時掌握彼此間動態」要求完整落實在住家空間。

房屋相關資訊
家族成員：夫婦＋小孩2人（幼童）
土地條件：建地面積77.15㎡
　　　　　建蔽率60% 容積率150%
　　　　　具有一定深度的長條狀土地，有好幾處的高低差，房屋東南側有鄰居住家所種植的樹木。
屋主提出的要求
• LDK與3個獨立空間，廚房不要與其他空間隔開
• 不受天候影響的曬衣場
• 土間式玄關設計
• 假日能和孩子們一起悠閒渡過的住家空間

✕ 空間無接續感，室內顯得陰暗狹窄

沒有連接
各個空間都以牆面區隔開，雖能保有個人隱私，但連結性差空間不夠開放。

為誰設計？
要前往露台就必須先進入臥室，孩子們須繞路才能進入，再加上與LDK生活空間距離遠，完全不曉得露台是為了誰搭建。

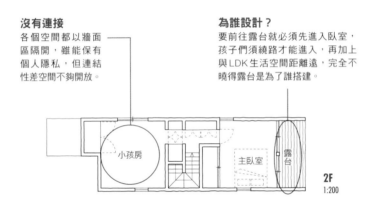

小孩房　主臥室　露台

2F
1:200

沒辦法了嗎？
因為要遵守道路高度限制，如果按照一般的設計，就必須將2樓空間往後縮，但這是唯一的解決辦法嗎？還是貪圖方便不願意仔細尋找其他方式呢！

讓人無法放鬆的浴室
浴室位置面向前方道路讓人靜不下心，原本浴室在設置窗戶時限制就很多，再加上浴室在道路旁，規劃方式就更少了。

無用空間過多
空間分配效率不佳的走道和收納區，連接LDK、衛浴設備和2樓的走道空間長度過長，也沒有設置窗戶，導致空間昏暗。

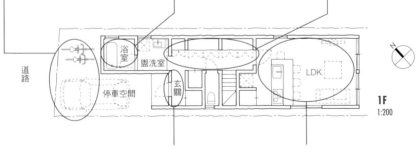

道路　浴室　盥洗室　LDK　玄關　停車空間

N

1F
1:200

狹窄擁擠！
進入玄關後馬上就會看到牆壁，讓人產生壓迫感，感覺只是單純的走道延續空間。

狹窄陰暗！
以4人家庭來說面積不夠大，日照效果差的LDK，住家中心的活動空間應該更加明亮寬敞。

所有空間都顯得寬敞明亮

左：從樓頂露台往中庭看，以跳躍式樓板銜接的各個房間與中庭的樓梯相連。

右：在LDK往中庭方向看，中庭的最底端為樓頂露台，面向中庭的所有空間，都能有足夠的光線照射。

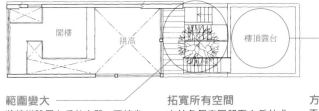

LF
1:200

具開放感的浴室

範圍變大
將樓梯設置在戶外空間，可節省室內使用面積，將其平均分配至各個區域，讓原有空間變大許多。

拓寬所有空間
由於各個空間都面向戶外或是露台，能有效提升室內空間的採光、開放性和寬敞度。

方便每個人使用！
不須行經特定房間，從屋內任何地方都可自由進出的樓頂露台。

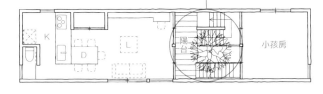

2F
1:200

1F
1:200

設備完整
將活動路線縮到最短，可有效拓寬各個區域的面積大小。而且進入玄關後，因為沒有遮蔽物，視線可直達中庭，製造空間的開放感。

感覺每個區域範圍都變大了
因為每個人使用時間不同，所以便在浴室靠近盥洗室和玄關的地方設置大片玻璃，營造出雙方空間的視覺開放感。

可放心休息
半地下室的臥室空間，不必擔心周遭環境的變化，和LDK也有一段距離，可放心在此好好補眠。

善用空中使用率
利用空中使用率來縮短建築物前方道路往後退的距離，在道路旁也可設置有高聳天花板的閣樓空間。

掌握全家人的一舉一動
由於各個空間以交錯方式與中庭連接，就算彼此待在不同空間，也可以稍微得知對方的動靜。

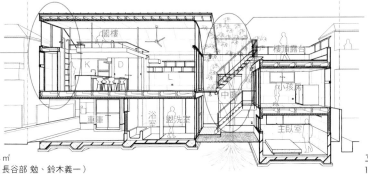

建地面積／77.15㎡
總樓地板面積／88.04㎡
設計／H.A.S.Market（長谷部 勉、鈴木義一）
名稱／NWH

立體剖面圖
1:200

046 密集住宅區內的旗杆地還是能擁有明亮通風的住宅環境

一開始屋主的構想是將住家作為公司使用，希望將事務所設置在1樓。所以在1樓規劃了許多的獨立式空間，住家的LDK則是設置在2樓，因此出現有2個樓梯空間的特殊設計。但屋主在準備作業期間卻又表示不需要事務所空間，於是將把LDK移到1樓空間，在與屋主一家討論過後，決定將獨立房間改到2樓。住家的LDK則設置在2個中庭的中間，讓室內能有更充足的陽光照射，通風效果也非常好。

房屋相關資訊
家族成員：夫婦＋小孩1人（幼童）
土地條件：建地面積118.88㎡
　　　　　建蔽率50% 容積率100%
　　　　　寬度2ｍ的旗杆地，杆部面積為46
　　　　　㎡，四周都有住宅林立，需遵守北側鄰
　　　　　地的房屋建築高度規定。
屋主提出的要求
• 緣廊、土間等連接內外的空間
• 收納量足夠的廚房
• 將來可作為事務所使用的書房等

中庭沒發揮功效

不符合效用
雖然面積寬廣，但卻缺乏活動性，開口處距離鄰地近，規劃不夠謹慎，只能算是個寬敞空間。

浪費太多空間
想要隔開事務所和生活空間，但2個樓梯和走道等設計，其實很浪費空間。

會直接看到對面
雖然和活動空間有些距離，但是透過中庭的挑高，還是會與廚房那頭的視線交會。

被遺忘的空間
與活動空間保持距離在使用上較方便，但是缺乏與其他房間的一體性，相連的陽台也沒發揮任何效果。

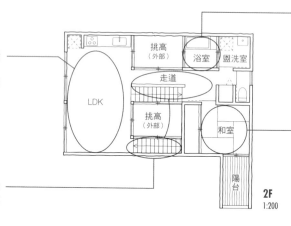

2F
1:200

面積太小
設置了2個中庭，但兩者的面積都很狹窄，雖然聊勝於無，但無論開放感或是採光通風狀況都很差。

房間開放度不夠
開口處只有朝向中庭的那一面，雖然說有些人認為房間只要能休息就好，即便空間陰暗也沒關係，但就健康而言還是多少會產生影響。

被孤立的小孩房
小孩房與LDK和工作空間等區域之間都有段距離，雖然有小部分的中庭與樓梯相連，但還是希望能提升室內氣氛和家人互動性。

保留還是刪除差別很大
當初認為必須設置的事務所空間，但礙於旗杆地的面積，會壓縮到玄關（入口）大小，事務所的有無對生活空間會造成很大的影響。

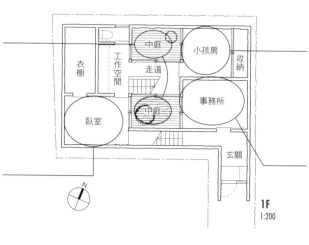

1F
1:200

大小中庭的設計發揮空間優點

左：和室所看到的中庭，右側底端為LDK，左側為圖書室。
右：玄關往圖書室方向看。

可掌握動靜的小孩房

因為位在室內的最底端，打開門就會面向LDK的挑高，不會產生孤立感。從這裡要去室外必須經過LDK，感覺是寬敞LDK的附屬房間，可隨時注意小孩一舉一動，也不會讓其產生束縛感。

保持適當距離

因為走道和陽台都面向挑高，所以和LDK的互動沒問題，在空間的分配上捨棄緊貼方式，而是採取只要「能大概了解對方在做什麼」，保持不會打擾到對方適當的距離。

強調機能性的設計

用來曬衣服的陽台，由於位在房屋開口處，能讓採光線進到室內，並採用面向街道的設計方式。

鋪棉被的臥室

臥室內兩旁設有收納區，不須擺放床鋪，只要鋪好棉被就能休息，平常可作為單獨房間使用，用途非常多樣化。

方便的走道

突然下雨或要外出時，可將陽台上的衣物先移到走道，可作為臨時晾衣間使用。

適當的距離感

由於房屋距離道路有些距離，所以待在書房時不用太在意戶外視線，還能看著窗外進行手邊工作。

氣派的客房

和室為LDK的延展空間，只要關上門，就成為面向中庭的氣派客房。

善用細長空間

通往室內最底端的動線，不單單只是通道空間，還能作為圖書室使用。可在此放置大容量的書櫃，或是家人自由使用的讀書空間。

讓人心情愉悅的中庭

小範圍的中庭，除了通風採光良好外，還有庭院造景，也是浴室旁的小陽台空間。

挑高輔助

寬敞的LDK可透過兩側設有大小中庭的挑高眺望天空，1樓也能有充足的陽光照射，還能連接室內的所有空間。

戶外中庭

可享受戶外樂趣的寬廣中庭，不但能種植大型植栽，還能在此舉辦烤肉活動。

提升室內環境

大範圍的中庭能引導大量光線，促進空氣流通，對室內環境有相當大的幫助。即便是都市內的住宅，也能感受大自然。

2F 1:200

小孩房　臥室　走道　陽台　挑高　挑高（外部）　挑高（外部）　陽台　書房

1F 1:200

盥洗室　浴室　LDK　和室　中庭　圖書室　中庭　玄關　往道路→

建地面積／118.88㎡
總樓地板面積／96.28㎡
設計／岡村泰之建築設計事務所
名稱／SU-HOUSE 37「logi-c」

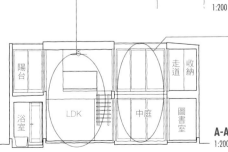

陽台　浴室　LDK　中庭　圖書室　走道　收納

A-A' 剖面圖 1:200

047 改善門廊和陽台設計，將自然風和光線帶入室內

　　房屋北側高度限制嚴格，所以想要將整體建築往南側移動，但這麼一來房屋便無法獲得完整的陽光照射，因此在樓梯的設計上下了不少功夫，衛浴設備則設置在北側，這樣就能確保南側有足夠的生活空間。為了讓住家有更好的採光與通風效果，將建築物外牆往後縮，並在構造建材間放入緩衝物，避免在地震時發生強烈搖晃，還有使用防震黏膠來防止鐵釘的鬆脫。

房屋相關資訊
家族成員：夫婦＋小孩2人（小學生）
土地條件：建地面積93.96㎡
　　　　　建蔽率60% 容積率200%
　　　　　周圍有許多3層樓高建築的住宅密集區，為寬度2.5m有高低差的旗杆地，杆位位置到中間會變窄到2m。
屋主提出的要求
• 耐震力佳的堅固房屋結構
• 要有樓頂陽台
• 明亮通風的住家環境

✕ 沒有發揮住宅密集區和旗杆地的特色

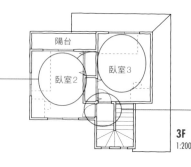

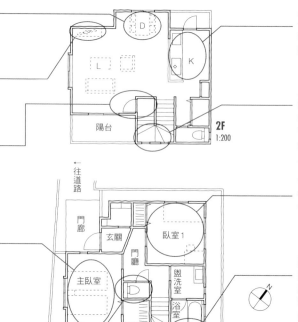

明暗分明的房間
雖然南側的採光通風效果良好，但北側的採光通風卻不如預期。北側因有高度限制，所以將天花板高度拉低，多處收納空間也造成出入口的開關門不好開啟。

不適當的廚房位置
光線無法照射到的昏暗廚房，離開廚房的動線也不夠順暢。

加裝窗戶
面向旗杆部分視線可直接穿透的位置，希望能加裝窗戶看到房屋外觀。

樓梯間的開關門和隔間
為了讓空調發揮應有效果，在客廳和樓梯間之間設置開關門作隔間。但也因為隔間牆面導致光線無法進入房屋底端，通往3樓的動線規劃也需要改善。

無法獲得充足日照的南側
由於住家周圍都有建築物，等到房屋搭建完成後，會發現光線根本就無法照射到1樓南側。

封閉式的廁所
廁所位置在獨棟建築的中心，因為沒有窗戶導致採光差，還得裝設循環風扇，才能促進空氣流通。

簡陋的樓梯間
狹小樓梯的出口有好幾道門並排，設計粗糙且危險。

底端的廚房
住家底端的陰暗廚房，雖然有設置後陽台，但由於周邊環境有遮蔽物，通風效果差。

正確的樓梯位置？
選擇在南側的最佳位置裝設樓梯，多下點工夫應該能獲得不錯的採光效果，但還是覺得這個空間作為起居室會比較適合。

昏暗的臥室
位在1樓北側的臥室，周圍有建築物遮蔽，採光效果差。

視線穿透區
周圍被建築物阻擋，1樓的旗杆部位是唯一視線可直接穿透的區域，希望能好好利用此特性。

找出縫隙空間，達到採光通風良好和視線穿透效果的設計

左：1樓臥室。在密集住宅區的周邊環境下，可在3樓獨棟住宅的1樓找到與周邊建築物的縫隙空間設置窗戶，讓視線可直接穿透。
右：2樓的廚房，一旁有陽台設計，會產生延續性的寬敞感。

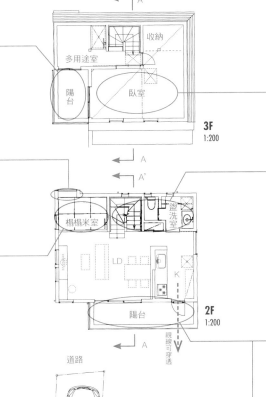

引導光線
為了讓室內盡量保持明亮，而在南側設置了樓頂陽台。

確認客人身分
設置開口後，可透過玄關引道直接從客廳確認客人身分與人數，因為在玄關引道正前方，還能為建築物外觀增添些許風情。

可坐下休息
雖然屋主有提出和室構想，但實在是沒有足夠空間，只好在客廳角落設置榻榻米室。地板加高至剛好是能直接坐下的高度，下方可作為收納區使用。

將來可隨意變更
在2處設置出入口，等到有需要時可改變隔間的規劃方式。

功能集中
將樓梯和衛浴設備設在北側，南側則有方便使用調整過後的LDK空間。由於北側有嚴格的高度限制，所以在2樓以上樓梯運用與南側些微交錯的設計方式。

比實際面積寬敞
為了讓陽光能照射到客廳空間，將南側牆面往後縮，雖然室內面積因此減少，但調整過的空間配置以及寬廣的樓頂陽台，都會讓人感覺室內空間變寬敞。並藉由增加與周圍建築物縫隙空間的設計，提升室內通風效果。

3F 1:200

2F 1:200

有門廊空間的架空式建築

視線通風良好
為了讓建築物有充足的光線照射，刻意在南側角落保留一小塊空地作為庭院使用。由於庭院直接與道路相連，會自然產生彷彿是在引導客人腳步的玄關引道，且通風性良好。

將來可隨意變更
在2處設置出入口，等到有需要時可改變隔間的規劃方式。

加強樓梯設計
為提升南側採光效果，在房屋北側設置樓梯。由於2樓以上的樓梯採取交錯設計方式，就不會違反嚴格的北側高度規定。

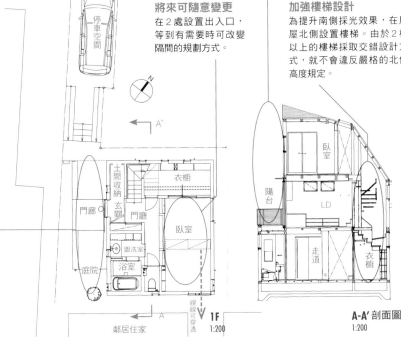

建地面積／93.96㎡
總樓地板面積／107.24㎡
設計／充綜合計畫（杉浦充）
名稱／防震構造的家

1F 1:200

A-A'剖面圖 1:200

048

運用挑高設計
打造出明亮溫暖的住家

　　建地位在住宅密集區內的道路交接處，為保護住家隱私，儘量壓縮開口處大小，藉由設置挑高空間，讓2樓的主要生活空間有良好的採光效果。為避免違反高度規定，除了把1樓地板往下降，2樓以上樓層也採用跳躍式樓板設計，可確保車庫的天花板高度。除此之外，還將使用夜間電力的蓄熱型暖氣設置在1樓的土間，再搭配合適的熱傳導設計，讓住家空間隨時保持在溫暖的狀態。

房屋相關資訊
家族成員：夫婦＋小孩1人（幼童）
土地條件：建地面積50.36㎡
　　　　　建蔽率70% 容積率150%
　　　　　位在靠近私人鐵路的住宅密集區內，通往死巷的狹小道路交接處土地。

屋主提出的要求
• 可清楚看見家人臉上表情的互動式廚房
• 小型的陽台
• 有屋頂的停車場
• 保護住家隱私，明亮且開放的住家空間

功能過度集中，空間欠缺開放感

天花板過低的狹窄閣樓空間
由於受限於北側高度規定，不能保證活動空間會有足夠的天花板高度和面積大小。

西式房

3F
1:200

太集中在狹小區域內
廚房附近有洗衣機和能用來曬衣服的後陽台，將洗衣空間集中在同個區域，會造成更為重要的廚房收納空間不足。再加上這個位置會有夕陽照射，就經常要處理食材的廚房來說，似乎並非最佳位置。

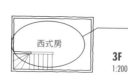

DK
洗衣機
冰箱
西式房
陽台

2F
1:200

昏暗的餐廳
陽光無法照射到的昏暗餐廳空間。

妨礙採光的樓梯
樓梯位置會直接阻擋南側的光線照射，由於北側有嚴格的高度限制，要搭建直達3樓的樓梯有些難度，須想辦法克服。

狹窄的衛浴設備
空間分配不當，導致並排的浴室、盥洗室、廁所空間狹小，而且光線昏暗通風效果差。如果能加裝拉門，讓盥洗室保持開放狀態，就不會感覺空間如此擁擠。

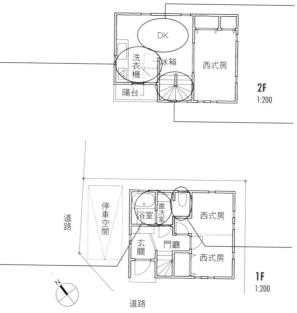

停車空間
道路
浴室
盥洗室
西式房
玄關
門廳
西式房

1F
1:200

N

道路

使用不便的廁所
必須經過盥洗室才能進入的廁所，如果有人在使用盥洗室時，其他人就無法上廁所，而且通風效果不佳。在只需要設置1間廁所的情況下，最好將廁所規劃為獨立空間。

◎ 上方的光線可照射到住家所有空間

與挑高連接

3樓的採光都是透過天窗照射，但只靠天窗無法改善通風，所以在面向挑高的地點設置開口與樓下相連，可有效促進空氣流通。

立體式設計

利用跳躍式樓板確保車庫的天花板高度，營造出有限空間的寬敞度，發揮其本身特性。

玄關緩衝區

狹窄土地要避免讓玄關直接面向街道，在停車空間設置緩衝區塊，在每天的進出時才不會感覺空間擁擠。

溫暖的室內空間

在1樓土間裝有蓄熱性暖氣，溫暖的空氣可透過樓梯等為媒介，傳送至住家各個空間。

建地面積／50.36㎡
總樓地板面積／87.16㎡
設計／充綜合計畫（杉浦充）
名稱／FORT

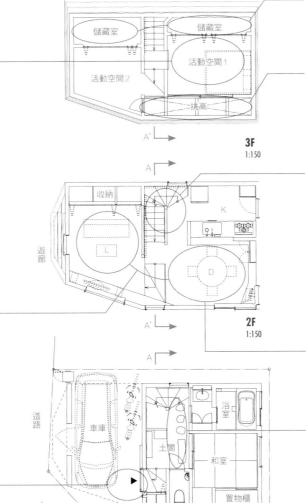

3F 1:150
（儲藏室、活動空間1、活動空間2、挑高）

2F 1:150
（收納、遊廊、K、L、D）

1F 1:150
（道路、車庫、土間、浴室、和室、置物櫃）

不要有死角

因為有嚴格的高度限制，將無法架高天花板的北側作為收納區使用。

半戶外式的挑高

此處的挑高設計主要目的是將光線傳導至2樓LDK，因為和3樓活動空間的開口處相連，通風效果不錯，也能透過挑高與家人互動溝通，並設有曬衣場，算是室內的戶外空間。

減少走道空間

因為將樓梯設置在建築物中央，可縮減走道等移動路線所佔用的空間面積。

兩全其美

為了保護位在住宅密集區內的住家隱私，將房屋開口縮減至最小，並藉由挑高空間確保室內採光充足，規劃了類似戶外露台的室內空間。

可作為走道使用

在有限的面積中，可同時作為走道使用的寬廣土間區域。

A-A'剖面圖 1:150
（閣樓、光線、北側高度限制、走道、D、土間）

不要有死角

在挑高上方設置地板，雖然大小不足以被稱作是閣樓，但還是能作為小空間使用。

暖氣上升的垂直動線

在1樓裝有蓄熱性暖氣，溫暖空氣會透過跳躍式樓板的高低差，以及樓梯間縫隙擴散至家中各個角落。

適當範圍內向下挖

為了不違反高度限制，選擇將1樓的地板往下降，但考量到整體花費，向下挖的面積和深度都有所控制。

049

擁有寬敞挑高LDK的明亮開放式住宅

　　僅有2m寬的土地一角與道路連接，房屋四周都有建築物圍繞。屋主要求包括有大容量的鞋櫃、完備的廚房設施、書房空間以及化粧室等，這些願望也都在木造的3層樓建築裡一一被實現。樓層規劃分別為1樓的夫婦使用空間，3樓的小孩房，2樓則是家人聚在一起的LDK。逐一完成屋主的要求，打造出既明亮又開放的LDK，讓這個年輕家庭的夢想成真。

房屋相關資訊
家族成員：夫婦＋小孩1人（幼童）
土地條件：建地面積112.77㎡
　　　　　建蔽率60% 容積率240%
　　　　　有高地差的不方正土地，與街道連接處寬度約有2m，四周都被鄰居住家包圍。
屋主提出的要求
• 大容量的鞋櫃空間
• 利用寬敞客廳營造出空間的開放感
• 書房與穿著打扮用的化妝間
• 喜歡做菜所以對廚房設備特別講究

✕ 每個提案都很棒，
但好還要更好…

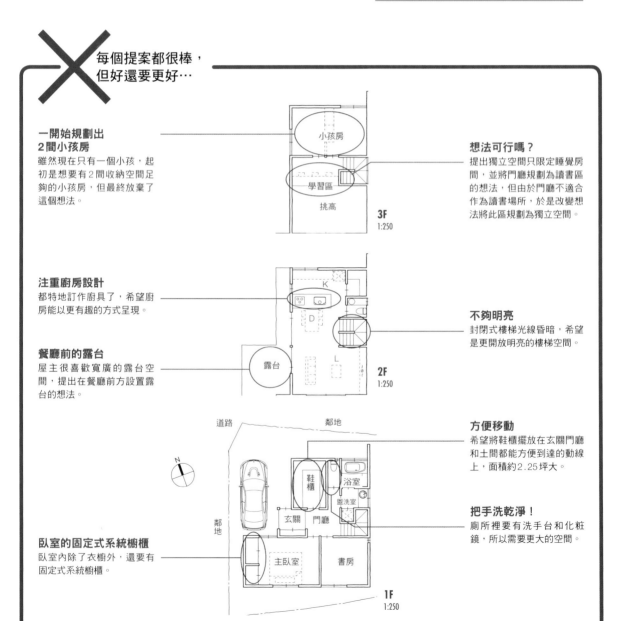

一開始規劃出2間小孩房
雖然現在只有一個小孩，起初是想要有2間收納空間足夠的小孩房，但最終放棄了這個想法。

想法可行嗎？
提出獨立空間只限定睡覺房間，並將門廳規劃為讀書區的想法，但由於門廳不適合作為讀書場所，於是改變想法將此區規劃為獨立空間。

3F
1:250

注重廚房設計
都特地訂作廚具了，希望廚房能以更有趣的方式呈現。

不夠明亮
封閉式樓梯光線昏暗，希望是更開放明亮的樓梯空間。

餐廳前的露台
屋主很喜歡寬廣的露台空間，提出在餐廳前方設置露台的想法。

2F
1:250

方便移動
希望將鞋櫃擺放在玄關門廳和土間都能方便到達的動線上，面積約2.25坪大。

把手洗乾淨！
廁所裡要有洗手台和化粧鏡，所以需要更大的空間。

臥室的固定式系統櫥櫃
臥室內除了衣櫥外，還要有固定式系統櫥櫃。

1F
1:250

周圍受到保護的寬敞屋內空間

左：倒L型的廚房和餐廳前方大面積的木造露台。露台有寬廣的開口處，木造地板與室內相連，利用木製百葉窗板遮蔽周圍視線，保護住家隱私。
右：挑高與客廳空間。

房屋正面外觀。為了阻擋旁人視線，在後陽台設置的木製百葉窗板，成為住家外觀的一大特色。

設計好功能佳

廚房後方的後陽台，可作為臨時的垃圾擺放處，具備多種用途的機能性空間。可完全遮蔽3樓的木造格柵，也能成為道路旁有特色的房屋外觀設計。

獨創性的廚房設計

採用罕見倒L型獨特設計的廚房，發揮訂製廚具的特色，不但使用方便，設計方式也別出心裁。

空間延伸的露台

與餐廳連接的木造露台，和室內空間成為一體，1.8m高的木製百葉窗板能有效遮蔽外來視線，並成為室內的延伸空間。

專用的化妝間

規劃出可自在穿著打扮的專用化妝間，距離衣櫥和盥洗室（廁所內）都很近，使用上很方便。

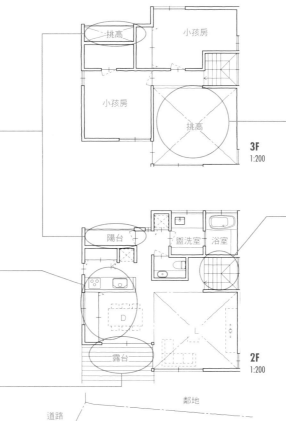

挑高　小孩房

小孩房　挑高

3F
1:200

陽台　盥洗室　浴室

D　L

露台

2F
1:200

鄰地

道路

鄰地

鞋櫃

車庫　玄關　門廳

化妝間

主臥室　衣櫥　書房

N

1F
1:200

往上延伸的開放感

2樓高的挑高下方為客廳位置，面向大片透明玻璃，可獲得足夠的陽光照射，以及充分的開放感。雖然是無隔間的LDK，但由於天花板高度的不同，會明顯感受到客廳和DK的區別。

明亮的樓梯間

在各樓層都設有寬廣的開口，並設置鐵架樓梯，打造出光線充足，視線可穿透的樓梯空間。

不管幾雙鞋子都裝得下

進入玄關就可看見寬敞的鞋櫃，能直接通往玄關門廳。

廁所兼盥洗室

大範圍的廁所空間，也可作為盥洗室使用，距離臥室、書房很近，是便利性很高的衛浴設備。

建地面積／112.77㎡
總樓地板面積／141.88㎡
設計／桃山建設
名稱／惠比壽的家

050 善用樓梯間得到良好採光和通風效果的住家

　　因周圍建築物密集，住家1樓的直接日照效果差，為增加光線照射，便在南側2樓設置挑高，以面向門廳的挑高空間為中心，來分配各個空間的位置，能有效保護住家隱私，並提升住家整體的採光和通風效果。盡量避免設置無用的動線空間，以及採用將樓梯和走道都設在挑高附近等方式，想辦法有效利用每一吋土地面積。

> **房屋相關資訊**
> 家族成員：夫婦＋小孩1人（幼童）
> 土地條件：建地面積130.04㎡
> 　　　　　建蔽率40% 容積率80%
> 　　　　　傾斜山坡地的中段位置，周圍有種植綠色植物，為東南向的傾斜分割土地。房屋的東側到南側有密集的住宅，視野、採光效果不佳。
>
> **屋主提出的要求**
> • 2台車的停車空間
> • 2個小孩能使用的可變動式格局設計

沒有考慮到光線不足的問題

過長的走道
2樓的走道過長，窗戶數量少空間顯得昏暗，只能作為移動路線使用的走道佔用過多面積。

只供上下移動的樓梯
因為設置樓梯必定會佔用部分空間，所以更要思考該如何善用其他要素，若能增加樓梯間的明亮度，上下樓時會更輕鬆省力。

狹窄的停車空間
空間太小無法停放2台車。

陰暗的小孩房
北側的小孩房除了一大早，其他時間都是沒有陽光照射的狀態，通風效果也不好，一進房就有道牆阻擋在面前，使用上不方便。

還要再加強
與其再增加一間小孩房，隔成2間房的做法比較可行，但也只有上午有光線透入，應該將收納區設在採光良好的地方。

最底端的餐廳
餐廳位在室內空間的最底端，緊鄰隔壁住家，視線會被阻。

沒有考慮到周邊環境因素
雖然不會被周邊建築物阻擋視線的位置，但卻沒有善用開口處，不是很注重採光效果。

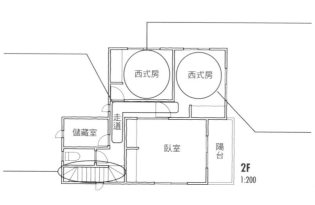

西式房　西式房　走道　儲藏室　臥室　陽台
2F 1:200

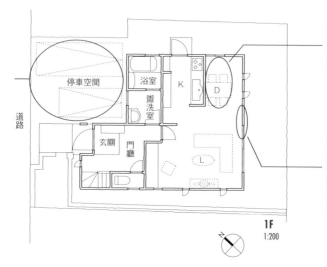

停車空間　浴室　K　D　盥洗室　玄關　門廳　L　道路
1F 1:200

光線可藉由挑高照射到各個空間

右：2樓挑高和周圍空間，挑高的天窗能接收光線，經由以白色為基底的牆面反射到住家的各個角落。右邊的北側房間則是利用大型拉門的開啟，來提升採光效果。

左：打開大型推門後從西式房2內所看見的空間狀態。

北側房間設有大型推門
朝向明亮門廳設置開口處，即便是北側的房間也能得到良好的採光效果。房間沒人使用時，還能作為與門廳連接的多用途空間使用。

地板稍微架高的榻榻米室
在住家面積不大的狀況下，如果還是想要有和室空間，可以將客廳的一部分地板架高後鋪上榻榻米。雖然還能增加拉門等隔間設施，但最好還是呈現開放狀態，才不會產生壓迫感，地板下方也可作為收納區使用。

盡量縮減走道空間
將走道長度縮短，才能有效利用剩餘的其他空間。

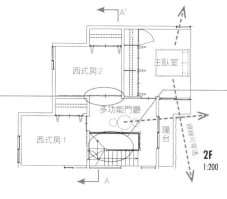

主臥室

西式房2

多功能門廳

西式房1

陽台

視線可穿透

2F
1:200

視線可穿透

停車空間

榻榻米室

K

門廊

玄關

L

D

浴室

盥洗室

視線可穿透

1F
1:200

鄰居家

道路

N

挑高上方的採光窗
即便房屋南側緊鄰隔壁住家，還是能利用在挑高上方設置大開口的方式，讓1、2樓都能有足夠的日照。

視線可穿透的廚房位置
將廚房設在可接看到LDK的位置上，視線還能越過榻榻米室直達戶外。

視線良好的窗戶
位在山坡地的房屋雖然與鄰宅距離很近，透過隙縫還是可以遠眺戶外。LDK設有窗戶，可直接欣賞窗外景色。

光線引導
雖然住家周圍建築物林立，日照效果差，但還是能以無隔間LDK，搭配設置挑高的方式，將光線引導至1樓空間。

採光通風動線
設置了挑高和2樓的多用途門廳，可有效提升住家整體的採光和通風。並整合樓梯和走道功能，不浪費任何一處空間。

建地面積／130.04㎡
總樓地板面積／95.20㎡
設計／充綜合計畫（杉浦充）
名稱／素箱1000「素箱Ⅲ」（光線引導住宅）

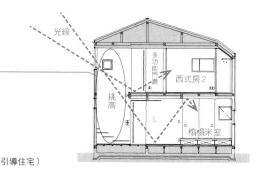

光線

多功能門廳

西式房2

挑高

L

榻榻米室

廚房視線可直達戶外

A-A' 剖面圖
1:200

051 東西貫穿的木造露台，讓室內空間保持明亮寬敞

　　大片土地的其中一部分，雖然面積不大，但屋主還是提出許多要求，像是1樓的室內車庫、獨立式空間、書房，為完成多項需求，就要將2樓和1樓空間規劃成對稱且寬廣的空間。其中貫穿住家東西的木造露台空間，除了和客廳連接，也和衛浴設備、餐廳相連，藉由這樣的隔間方式，營造各個空間的生活舒適感。

房屋相關資訊

家族成員：夫婦
土地條件：建地面積95.87㎡
　　　　　建蔽率60% 容積率200%
　　　　　西側為寬敞的農田綠地，大片土地的其中一塊分割地，東側與道路連接的29坪大住宅。

屋主提出的要求
● 要有室內車庫、書房、榻榻米空間
● 與庭院連接的客廳、寬敞的浴室
● 很多的窗戶、明亮的住家環境

✕ 1樓空間昏暗，
2樓不夠舒適寬敞

缺少與樓下的空間連結
木造露台空間長度過長，感覺不到和2樓木造露台及客廳的空間延伸感。

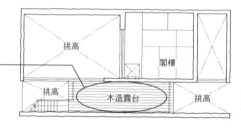

LF
1:200

距離木造露台過遠
擺放洗衣機的盥洗空間，與作為曬衣場使用的木造露台之間距離很遠，而且共用空間的面積也不夠大。

都很狹窄
直線排列的LDK，客廳和餐廳空間都過於狹小。

有點窄
雖然是客廳的延伸區域，但面積稍嫌不足。

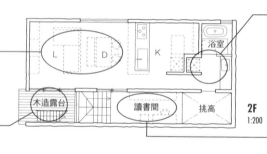

2F
1:200

無法集中精神
位在樓下和LDK連接的通道上，周遭環境吵雜。

好像有點暗？
1樓最底端的個人隱私空間，總覺得光線不太夠。

1F
1:200

將客廳和餐廳分開，餐廳位置在2個木造露台中間

餐廳內的視線範圍，可越過中庭看見木造露台。雖然從客廳也能看到中庭，但是從餐廳所看出去的視野則有另外一番風味。

絕佳的視野
中間夾著中庭的木造露台，眺望視野絕佳，和2樓木造露台關係相輔相成，閣樓空間在使用上也很方便。

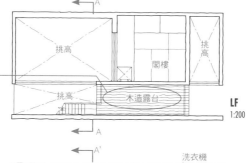

挑高　閣樓　挑高
挑高　木造露台
LF
1:200

寬敞又明亮
將廚房收納集中在同個區域，多餘空間則用來設置衣物的室內晾衣間和廁所。並追加另一個木造露台，讓衛浴設備更加明亮寬敞

隔開用餐和放鬆空間
將客廳和餐廳分開，更能發揮各自空間的優點。

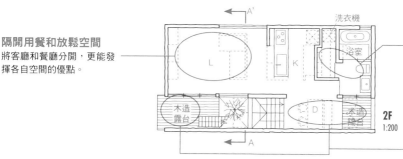

洗衣機
L　K　浴室
木造露台　D　木造露台
2F
1:200

最底端的餐廳
由於在房屋的南北側都設有木造露台，餐廳就成為屋內最底端的空間，打開門後就能在半戶外式的空間用餐。

可冷靜思考的環境
將臥室的一個角落規劃為能靜下心來思考的空間。

主臥室　小孩房　車庫
讀書間　中庭　玄關　道路
1F
1:200

整體光線
因為設置了中庭，讓1樓空間都能有自然光照射。不只有1樓，就連樓梯間和2樓餐廳也都能眺望戶外風景。

保護隱私引導光線
高聳的牆面不但能保護住家隱私，南側光線還能透過天窗進入到室內。

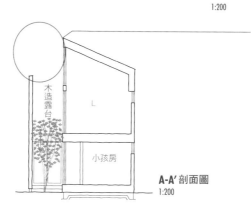

木造露台　L
小孩房
A-A'剖面圖
1:200

建地面積／95.87 ㎡
總樓地板面積／103.87 ㎡
設計／直井建築設計事務所
名稱／天空的家

1 外部與室內連接的舒適住家

2 寬敞舒適的住家

3 採光通風良好的舒適住家

4 可遠眺絕美風景的住家

5 多代同堂‧出租合併住宅

113

052 為了母親而設計的明亮通風住家

　　這是女兒為了70歲母親所搭建的房屋，土地特色是南側幾乎沒有和道路連接，於是提議將客廳設在2樓，但考慮到居住者的年齡，對方還是希望將客廳規劃在1樓空間。並藉由挑高和窗戶的配置方式，讓室內能獲得足夠的採光效果，跳躍式階梯則是能保持通風狀態。除此之外，也很重視房屋整體設施的耐用度，房屋外部的木頭建材採用高持久性的木材，並選用不會損傷地板的覆蓋建材。

房屋相關資訊
家族成員：1人
土地條件：建地面積115.65㎡
　　　　　建蔽率40% 容積率80%
　　　　　和寬廣農地相連的住宅用地，房屋南側
　　　　　有集中住宅，為東西向細長狀土地。

屋主提出的要求
● 客廳設在1樓、互動式廚房
● 有提供親戚居住的客房
● 機能性收納設計
● 飄散木頭香氣安靜的居家空間

空間要更為集中

2樓作為預留空間
2樓的臥室面積寬廣，和廁所相連，並在南側設置溫暖的陽台，打造出讓年長居住者能長時間停留的舒適空間。但屋主希望能包括臥室在內，將主要的生活空間變更至1樓。

加強留宿房間設施
為了讓1樓空間保有充足光線，建議可規劃大型挑高空間，但還是要以客房設施為優先考量。

臥室在1樓比較好
一開始是想將臥室設在2樓，但考慮到將來的主要生活空間會移到1樓，於是提議可在與農地為鄰，視線良好的溫暖西南側設置和室，但由於對方希望將1樓作為生活中心，而推翻之前「將來使用的臥室」想法，決定在1樓設置「永久使用的臥室」。

互動式廚房
為了有效利用大型挑高下方的寬敞客廳空間，提議將廚房規劃為I字型，收納則集中在牆面區。但是對方希望是能夠提升和LDK空間一體感的互動式廚房，在多人團聚時氣氛會更愉快。

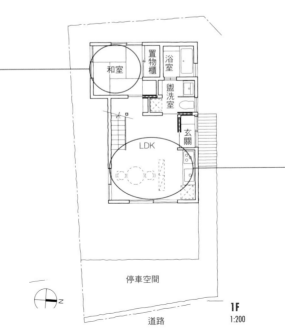

氣氛愉快的多人歡聚設計

左：廚房旁邊所看到的視野範圍，輕鬆就可直接看見設有挑高的LD、和室到木造露台的一連串空間。

右：從2樓的挑高處往下看。

保留給孫子孫女使用的舒適空間

本來是想要作為臥室使用的2樓空間，保留原來西側的良好視野，還能從天花板看到一旁的樹木，讓人感覺心情愉快，但最後反倒成為孫子孫女所使用的自由空間。

客房和收納

為了讓孩子和孫子們能隨時來訪留宿，而規劃出客房空間。由於居住者本身平常不會使用到這個房間，所以作為收納間使用。擺放有手工製作的收納架，在使用上更方便。

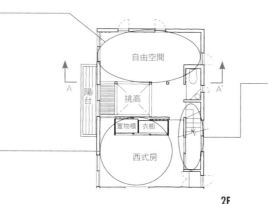

2F
1:200

樓梯間的通風效果

因為挑高空間不大，導致通風性不佳，於是在北側設置縷空式樓梯，可促進空氣的流通，可感受到自然風順著樓梯吹來。

欣賞西側風景

室內最底端的互動式廚房設有窗戶，除了道路側的視線良好，還能直接欣賞西側的風景。訂做的原創收納櫃在使用上格外方便，打造出讓人感覺心情愉悅的空間。

明亮光線透過挑高傳遞

將餐廳設在互動式廚房的對面，也就是建築物的中心，可藉由上方的挑高讓整個空間保持明亮光線。

拉門可區隔空間

和室採用拉門開關，不作為房間使用時，呈現開放狀態的寬敞空間，可藉由拉門的開關變換空間用途。並善用房屋構造所需的耐重牆作為收納處使用，儘量讓和室空間保持寬敞。

來自挑高空間的光線與自然風

住家中央的挑高讓1樓保持光線充足，作為陽台出入口的室內最南端走道，則是採用長條狀透光地板，讓溫暖的陽光和涼爽自然風能到達1樓空間。

建地面積／115.65㎡
總樓地板面積／87.59㎡
設計／岡庭建設
名稱／住宿的家

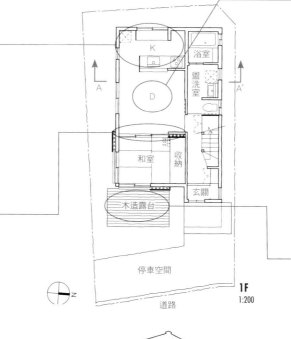

1F
1:200

道路

LDK的延長空間

木造露台距離活動空間較遠，即便在廚房內視線還是能直接穿透。藉由DK地板、和室的榻榻米，以及木造露台的設計變化，感受到空間的多變性。

A-A' 剖面圖
1:200

2樓有空間懸空設計，採光通風良好的環繞式住宅

053

除了想加強住家的隱密性，也希望室內空間寬敞光線充足，因此在房屋外觀牆面封閉的狀況下，如何規劃出能讓室內保持明亮通風的中庭設計，就成為此案的一大難題。一開始是想按照傳統方式，將中庭設在房屋南側，但經過多次討論後，決定在西側設置橫跨南北向垂直高度有3層樓高的中庭，這也讓2樓主要空間呈現出懸浮在空中的狀態，營造出一個通風且明亮的中庭空間。

房屋相關資訊
家族成員：夫婦
土地條件：建地面積172.19㎡
　　　　　建蔽率 50% 容積率150%
　　　　　位在安靜住宅區內接近正方形的平坦土
　　　　　地。

屋主提出的要求
• 住家隱私不受道路行人視線影響
• 要有寵物狗的洗腳區
• 可招待客人的泡茶空間
• 可變換隔間的臥室

南側的光線無法透入室內

光線無法到達
即便將中庭設在南側，陽光還是無法照射到地面。

距離道路遠
外出散步回家後，寵物狗專用的洗腳區距離大門有點遠。

沒辦法保持冷靜
書房位置無法讓人靜下心來思考。

2F
1:300

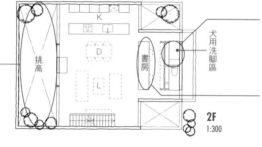

有失禮節
個人隱私空間距離玄關過近，有客人來訪時的動線規劃不佳。

過於普通
雖然玄關位置距離道路很近，但空間封閉且設計過於普通。

道路　　　　**1F**
　　　　　　1:300

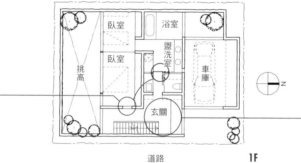

位置好像不太合適……
作為招待訪客的泡茶空間位置似乎不太合適。

淪為封閉空間
位在角落的倉庫，不難想像最後淪為不常進出使用空間的畫面。

BF
1:300

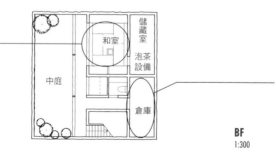

設置東西挑高空間，在家中也能感受到戶外氣息

房屋正面外觀，靠近道路的大門是敞開狀態。

2樓LDK，右側大片玻璃旁是中庭的上方，可看見LDK底端左側的開關門。打開門可保持室內通風，還能讓靠近中庭的隱密空間感覺變得更寬敞開放。

攝影：平井廣行（左、上2張照片）

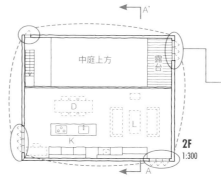

2F
1:300

效果絕佳！
即便有外牆包圍，還是能保有通風效果，四個角落都設有電動開關門裝置，把門關上便和外牆連接成一體空間。

方便招待客人的配置方式
獨立的和室空間面向狹窄通道，作為泡茶房間使用也很方便，而且距離道路不遠也不近。

土間走道的功能
連接車庫到玄關的土間走道，可作為通往內外的備用移動路線。

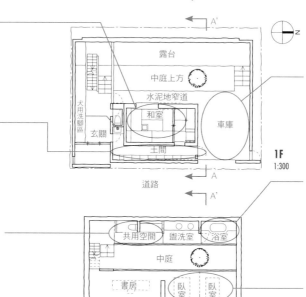

1F
1:300

道路

增添空間寬敞度
開放式的車庫不單單只是停車空間，也具備延展空間的效果。

悠閒放鬆泡澡
不必擔心外來視線的開放式浴室，與生活空間隔著中庭往來方便，是能暫時拋開日常煩惱的放鬆空間。

多功能的共用空間
用來擺放燙衣板，下方則放有洗衣機，上方裝有曬衣繩，可在室內晾衣，可逐一進行多項家事的共用空間。

BF
1:300

不會互相干擾的臥室空間
可裝設開關門的臥室，即便是彼此作息時間不同，或是睡覺打呼也不會吵醒對方。

各自獨立的臥室動線
設置了可穿越式的衣櫥，不必經過隔壁臥室就能回到自己的房間，起床時也不會吵到對方。

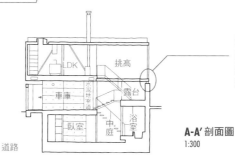

A-A'剖面圖
1:300

道路

懸浮在空中的2樓
因為中庭的設計讓2樓呈懸空狀態，能幫助中庭保持通風明亮。

建地面積／172.19㎡
總樓地板面積／134.40㎡
設計／矢板建築設計研究所
名稱／Patio

054 屋內的2處採光區 為室內空間帶來多樣變化

　　周遭高樓層建築林立，必須思考如何保護住家隱私，以及增加採光效果的方法。

　　此建案的特色是在房屋東南側和西側分別設置了大型和小型的採光區，2處的採光區可幫助光線進入各樓層的每個空間，不但能有效改善通風和採光，還讓各個空間在視覺上變得更寬廣以及充滿各種變化。1樓則是規劃了各處的土間空間，用途非常多元。

房屋相關資訊
家族成員：夫婦＋小孩2人
土地條件：建地面積100.30㎡
　　　　　建蔽率60% 容積率200%
　　　　　四周被高聳建築物包圍，約30坪大的土地，如何保護住家隱私和改善採光為一大難題。
屋主提出的要求
• 能夠和家人度過愉快時光的居家空間
• （妻）之後想要在住家工作（料理教室）
• 能夠繼續飼養金魚的環境（夫）

❌ **空間規劃無法變動，沒有考慮到土地特性**

空間規劃的可變動性
典型的固定式小孩房和房間規劃方式，可以簡單將小孩房打通成一個寬敞空間，年紀還小的小孩房其實還不需要隔間。

曬衣空間的重要
3層樓高的住家基本上周邊是高聳建築物林立，所以有設置陽台的必要性，但重點在於連接其他空間的動線規劃，要直接進出小孩房的動線不太方便。

廁所位置
對於家中有較大年紀小孩的家庭來說，需要經過更衣間才能進入的廁所配置方式，在使用上確實比較不方便。另外也想要將曬衣場設在這層樓。

1樓的主臥室
這個房間完全沒有自然光照射，3樓建築有別於2樓建築，需要思考能發揮土地特色的規劃方式，在採光不易的環境下，要考慮如何運用房屋的剖面空間。

不具效果的挑高
挑高空間的功用在於促進上下樓空間的交流，這裡的挑高位置下方為和室，上方則是毫無意義的面向儲藏室，考慮到光線接收和反射至下方樓層的效果，挑高位置實在不適合。

錯誤的牆壁位置！
將樓梯間牆壁延伸，但卻沒有想出一套牆壁耐重計畫，只是直接將牆壁作為分隔空間的工具，如此草率的方式會導致空間寬廣度不夠。

做菜和收納功能不佳
廚房的空間分配出了問題，以這種規模的住宅來說收納功能不足。而且面向南邊的流理台位置也不適合，需要規劃出能讓人留下好印象的用餐空間。

空間規劃不靈活
如果更用心規劃應該是可以容納2台車，但卻完全沒有發揮土地空間的特性。

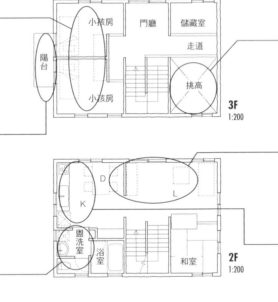

小孩房　門廳　儲藏室
走道
陽台
挑高
小孩房
3F 1:200

D　L
K
盥洗室　浴室　和室
2F 1:200

玄關　門廊
主臥室　門廳
嗜好區　車庫
道路

1F 1:200

採光區發揮效果，各樓層變得明亮寬敞

右：道路旁所看到的玄關，右手邊可看到有盆栽裝飾的土間，前方是從室外往室內延伸與玄關連接的土間走道。
左：2樓客廳與露台相連，打開門就成為連接內外的一體空間。

休閒嗜好空間
用來收放家庭劇院設備，之後預定作為主臥室使用，不過在小孩還小的時候，也能當做是全家人就寢的小孩房，成為另一處隱密的客廳空間，並設有能夠曬棉被的窗台設計。

3層樓高的挑高負責分配光線
在四周被高樓層建築物包圍的情況下，直筒狀挑高空間的位置就會決定室內的採光好壞，這裡的挑高則是能順利將自然光帶到1樓空間。

2樓專用的露台
打開全開式開關門後就成為露天空間，完全不必擔心是否會遮蔽到1樓庭院視線，單純是為了住家隱私和採光效果而設計的露台空間。

看不到樹幹但其實樹葉也很美
2樓露台的優點是很接近樹木上方的樹葉，看到有小鳥停在樹上時，感覺身心都被療癒了。

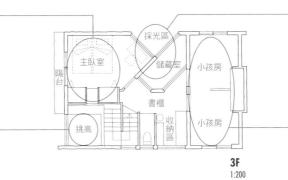

3F 1:200

主臥室　採光區　儲藏室　小孩房　陽台　書櫃　收納區　挑高　小孩房

內外呼應
挑高空間確實促進了上下樓層的交流和採光效果，要懂得如何規劃住家的外部空間。

區隔與開放並存
小孩房的空間設計非常靈活，與共用空間連接，有考慮到與樓下的寬敞延伸感。

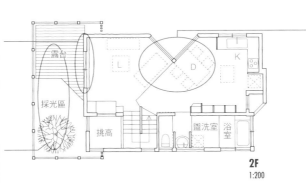

2F 1:200

露台　採光區　挑高　L　D　K　盥洗室　浴室

採光區的凹陷處
和挑高結合成為開放式的用餐空間，並不是隨便將兩者作連接，而是藉由地板建材的改變來劃分區塊。

運用土間
由於1樓空間日照並不充足，所以沒有規劃休憩場所，而是積極地善用1樓的可用空間來作為英文會話教學、鋼琴演奏會等活動的地點。打開休閒區的所有開關門，還能感受到來自挑高的光線照射。

建地面積／100.30㎡
總樓地板面積／123.50㎡
設計／長谷川順持建築設計公司
名稱／土間通道、裝飾土間的住家

1F 1:200

土間通道　土間裝飾　外部土間　土間寬敞空間　玄關　道路　木地板區　採光區　休閒區　儲藏室　車庫

實至如歸的設計
並沒有很誇張的裝飾，而是選擇擺放生活中不是那麼起眼的綠色植物，讓人多少會留下些許印象。

預留空間
車庫可停放2台車，有特別思考屋簷下空間的用途，訂定出最適合的車庫空間寬度和深度。

配合方向調整
有許多居住在中高層建築物密集區的人，會接受房屋無法有早上陽光照射的現狀，但只要找出光線照射的相對位置，保持一定距離，再搭配上挑高設計，就能改善早上的日照效果。觀察太陽的移動方向，和周遭建築物的光影變化，就會知道可在哪個方位設置「外部挑高」，能有效改善居家環境的原有缺點。

房屋北側的樓梯間
成為傳遞陽光和微風的通道

屋主希望住家是「具備全空調系統的2層樓高鋼筋水泥建築」，為了滿足對方的要求，但又得在住宅性能和設計美觀上取得平衡，於是提出選用大量自然素材的木造2樓建築的構想。包括有切割完整的粗樑木和松木材地板，以及石灰纖維塗料的牆面。來自房屋南側的盛行風透過北側樓梯會到達挑高的天窗，即便是在盛夏季節也會感覺涼爽。希望能打造出讓年紀還小的小孩們，在長大後還能記得家中童年成長回憶的住家空間。

房屋相關資訊

家族成員：夫婦＋小孩3人（幼童）
土地條件：建地面積167.22㎡
　　　　　建蔽率50% 容積率100%
　　　　　方正土地，西側與道路連接，要考慮日
　　　　　落時的光線照射問題，南側有雜木林景
　　　　　觀，視線良好。

屋主提出的要求
- 寬敞的2樓陽台空間
- 雨天也能使用的晾衣空間
- 可眺望附近森林綠色景觀
- 解決西側道路的噪音問題

✕ 沒有發揮庭院特色，簡陋的隔間方式

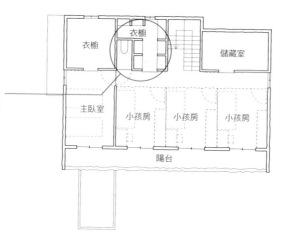

最底端的衣櫥
預定作為和小孩共用的衣櫥，因為是L型設計導致空間狹窄，最底端的部分不好擺放東西。

2F
1:200

影響聽覺和嗅覺……
利用樓梯下方空間設置廁所，但由於餐桌就在廁所旁邊，使用者會感覺不自在。

可能會被遺忘……
和室內完全無法欣賞到南側庭院景色，雖然距離客廳很近，但由於位置不在活動路線上，所以不會經常進出，還有可能會淪為擺放物品的儲藏室。

廚房隱私曝光！
有客人來訪進入玄關時，會直接看到廚房，由於是雙薪家庭的夫婦共用廚房，不敢保證能讓廚房隨時保持在整齊狀態，這樣的規劃方式造成心裡負擔。

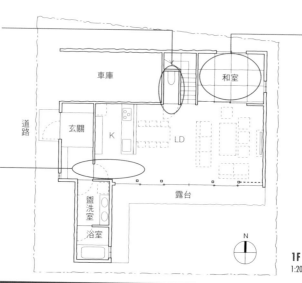

1F
1:200

N

光線充足通風良好，
可放鬆身心的住家環境

廚房前方所看到的LD空間，與右側樓梯連接並設置挑高，讓光線可穿透到達北側。為了孩子們而打造出這個被陽光、微風和自然素材所環繞的居家空間，有使用松木材的地板，而牆面原料則是石灰纖維。

在房屋裝設小型窗的房屋西側外觀

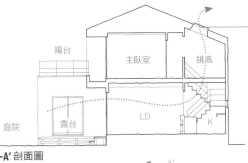

A-A' 剖面圖
1:200

讓風穿透的通道

從南側進入的盛行風，進入到北側樓梯挑高的2樓夾層，並直接穿透至天窗，讓室內空間在炎熱夏天也能保持涼爽狀態。再加上由於在北側設有樓梯挑高，讓光線可照射到北側的內部空間，解決了原先光線無法從南側進入的問題。

洗手台設備完善

將廁所規劃在角落，旁邊則有洗手台，與小孩彼此共用的衣櫥在同個區域內，使用上很方便。

面積變寬廣

移動1樓和室位置，讓2樓陽台空間變寬敞。

北側日照通風良好

配合樓梯方向設置挑高，讓光線能進到房屋北側。打開南側的大型落地窗，風就會從樓梯的窗戶到達樓梯上方的天窗，這部分是有考慮到盛行風方向所做的設計。

將來有所變化

因為現在小孩年紀還小，為保持房間寬敞，沒有在小孩房設置隔間，但是有特別裝設了2套電力系統，因應之後重新裝修的需求。

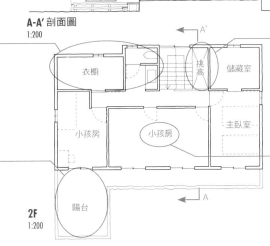

2F
1:200

噪音和夕陽日照問題

由於房屋西側的道路車輛往來頻繁，所以加裝了隔音棉阻擋噪音。又因為夕陽日照強烈，考慮到住家整體的溫差環境，而在西側裝設小型窗。

保持一定距離

和室位置與生活空間有些距離，讓和室空間保持安靜，還能欣賞到和LDK不同角度的庭院風景。

廚房也能欣賞
綠色景觀

廚房和原先的和室位置對調，讓整個LDK空間變得更寬廣。因為廚房位置在角落，突然有客人造訪時，也不必擔心隱私會曝光。並在廚房正面裝設了可看見南側美麗庭院景觀的窗戶，在做家事的同時還能享受窗外風景。

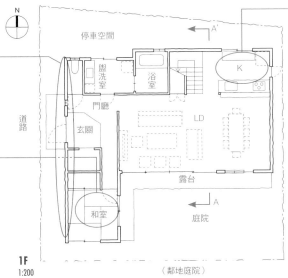

建地面積／167.22㎡
總樓地板面積／144.85㎡
設計／工房
名稱／旭町的家

1F
1:200

（鄰地庭院）

攝影：水谷綾子（4張照片）

056 可供朋友聚會，有明亮LDK 和DJ播音區的住宅

　　位在住宅區的平坦土地，隔壁則是父母住家，雖然和父母感情深厚，但除了和老家的共用停車空間等要求外，並沒有特別強調與老家緊密連結關係的設計，而是以獨棟房屋作為規劃藍圖。室內設計的部分，則是因為屋主夫婦都對DJ非常有興趣，再加上交遊廣闊，希望能打造出可招待友人的歡聚場所。因此將播音區設在廚房旁邊，設計出在用餐的同時還能享受DJ樂趣的獨特住家空間。

房屋相關資訊
家族成員：夫婦＋小孩2人（小學生＋幼童）
土地條件：建地面積121.33㎡
　　　　　建蔽率40％ 容積率80％
　　　　　沒有高低差，形狀完整的土地，隔壁為
　　　　　父母住家。
屋主提出的要求
• 滿足夫婦興趣的DJ播音區
• 可招待友人來家中聚會
• 包括老家在內的2台車停放空間
• 之後可進行隔間的小孩房

✕ 在客廳內的孤單播音區

擔心下雨會漏水
配合下面樓層的凹凸外觀設計，複雜的屋頂構造可能會造成雨水滲透。

LF
1:250

面積過大？
清洗區內除了有洗手台還包括更衣間、洗衣空間在內，和建築物的面積相比，似乎佔用過多面積。

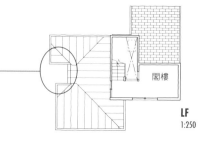

被孤立的空間？
北側的小孩房在角落顯得陰暗無光。

浴室　清洗區
門廳
主臥室
小孩房
小孩房
陽台

2F
1:250

有效使用
這裡淪為小孩專用的陽台空間，希望也能夠將此處作為一部分的私人空間。

玄關空間狹小
玄關和客廳連接的空間過小，而且打開客廳開關門後，前方就是廁所門，會很在意音量等問題。

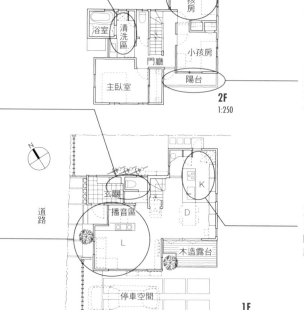

道路
玄關
播音區
L
木造露台
K
D

停車空間

1F
1:250

縮短廚房和播音區距離
想在做菜和用餐時都能享受播音樂趣，而規劃出DJ播音區，希望能招待友人在開心用餐同時還能聽音樂。此外，面向街道的窗戶也有可能會讓住家隱私曝光。

廚房要更靠近播音區
開放式廚房位在角落，有被隔離的感覺，和DJ播音區距離遠，導致活動路線冗長。

播音區靠近DK，可多人歡聚的空間

右：從DJ播音區往DK方向看，在用餐暢飲的同時，還能一起享受音樂的空間。餐廳前方（照片中央右側）與客廳連接，L和D則是被採光庭隔開。
左：從客廳朝餐廳方向看。

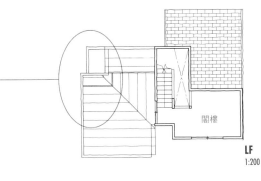

構造簡單
去除凹凸平面的部分，以簡單的方形組裝成成屋頂形狀。

閣樓

LF
1:200

大型窗的開放感
西北側的小孩房設有大型窗戶，製造開放感，窗戶周圍被凸出牆面包圍，和道路有段距離，不用擔心隱私會曝光。

光線可照射至角落
門廳的大型窗可接收來自南側的日照光，再透過樓梯到達1樓最底端的角落。通往閣樓的部分樓梯則採用開放式設計，讓居家空間保持明亮通風效果。

盥洗室　浴室
小孩房　置物區
門廳　主臥室
小孩房　陽台

2F
1:200

動線流暢且空間寬敞
將玄關門廳一部分設計為圓弧狀，營造出空間的寬敞感和流暢度。將廁所位置稍微偏移，再加上將客廳的拉門設計，呈現出既開放又隱密的居家空間。

放鬆的休憩空間
將客廳內靠近道路一側的窗戶設為天窗，這樣就不必擔心來自道路的視線。餐廳則設有採光庭，能感覺到空間的變化感。

播音區
冰箱
玄關
K
道路
L
D
採光庭院
木造露台
停車空間

所有人一起同樂
可大聲和友人聊天同樂的開放式DJ播音區，夫婦倆在做菜和用餐時都能享受播放音樂的樂趣。

考慮機能性和視線位置
開放式廚房和DJ播音區相連，廚房用具則是並排在同個空間內。中島流理檯台旁邊有連接式吧檯餐桌，視線可穿透直達客廳。加熱設備區則是採用整體的延伸收納台和桌台，集中收納在寬敞空間內。需要經常使用的冰箱則是擺放在客廳不會直接看見的位置上。

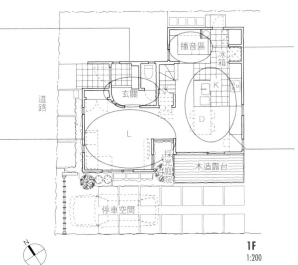

1F
1:200

建地面積／121.33 ㎡
總樓地板面積／96.30 ㎡
設計／鶴崎工務店
名稱／能享受DJ樂趣的住家

057 利用門框架構造讓房屋有明亮的對外大開口區

　　屋主希望寬度狹窄的住家能具備車庫空間，於是決定採用木造門型的框架設計，規劃出擁有大開口，室內沒有隔間的居家空間。1樓大廳旁有使用玻璃作隔間的車庫，2樓的客廳則是完全沒有隔間，以木製門框搭建出大型開口，再藉由挑高設計將空間往垂直方向延伸連接。此外，也利用跳躍式樓梯等方式，想辦法在有限的土地面積內，有效利用各個空間，以各種方式規劃出都會型的狹小住宅空間。

房屋相關資訊
家族成員：夫婦＋小孩2人（小學生的雙胞胎）
土地條件：建地面積77.69㎡
　　　　　建蔽率 60% 容積率200%
　　　　　寬度狹窄的長方形土地，南側與道路連
　　　　　接，緊鄰隔壁住家。

屋主提出的要求
• 有大片落地窗的寬敞LDK空間
• 房間最好不要有隔間
• 拉式開關門設計
• 訂作的收納架

✕ **房間距離生活空間太遠，LDK的窗戶太小**

孤立感
小孩房雖然光線充足，但與其他空間距離遙遠，希望至少要與樓下有連結感。

不夠開放
開口處雖然是LDK空間的重點區域，但如果以普通技術，沒辦法完成大開口的足夠寬度構造。

窗戶太小
衛浴設備的窗戶太小，空氣流通困難。

距離小孩房太遠
封閉式廚房與小孩房等空間互動性差。

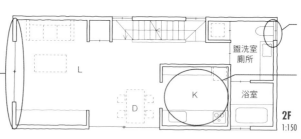

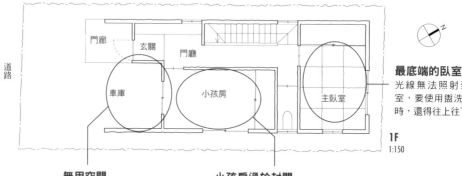

最底端的臥室
光線無法照射到的主臥室，要使用盥洗室和浴室時，還得往上往下移動。

無用空間
車庫上方只有房間，沒有善用每個空間

小孩房過於封閉
小孩房空間隱密，無法看見小孩回家時的表情，也缺乏與樓上的連結感

藉由大開口和挑高拓寬並連接室內空間

左：2樓LDK和3樓小孩房。
右：從3樓小孩房往下看，利用挑高和2樓LDK連接，3樓的小孩房則與廚房上方相通。

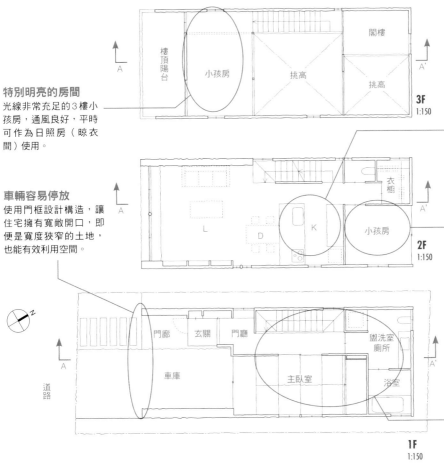

特別明亮的房間
光線非常充足的3樓小孩房，通風良好，平時可作為日照房（晾衣間）使用。

車輛容易停放
使用門框設計構造，讓住宅擁有寬敞開口，即便是寬度狹窄的土地，也能有效利用空間。

住家中央的廚房
廚房位置在住家的中央，上方設有挑高，與容易被遺忘的3樓空間相連。

媽媽就在旁邊
廚房旁邊就是小孩房，可增進彼此間的情感交流。小孩房位在陰暗的北側，光線會透過挑高上方的窗戶進入，保持室內明亮。

豪華的臥室空間
因為將主臥室和浴室及盥洗室集中在同一樓層，不必時常上樓下樓增加身體負擔，可縮短早晚的化妝梳洗動線。

閣樓
小孩房
挑高
挑高
樓頂陽台
3F 1:150

衣櫥
L
D
K
小孩房
2F 1:150

門廊
玄關
門廳
盥洗室
廁所
車庫
主臥室
浴室
1F 1:150

道路

廁所和盥洗室

寬敞的2樓客廳
利用車庫上方的空間，拓寬客廳面積。

與小孩房連接
3樓和2樓的小孩房與閣樓連接的橫向空間，以及和廚房相互串連的垂直3樓高空間。

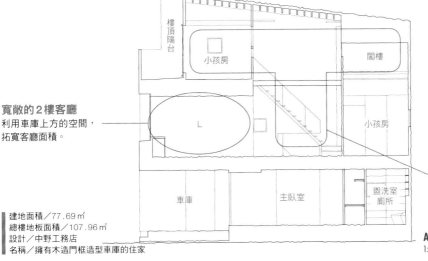

樓頂陽台
小孩房
L
閣樓
小孩房
車庫
主臥室
盥洗室
廁所

A-A′剖面圖 1:150

建地面積／77.69㎡
總樓地板面積／107.96㎡
設計／中野工務店
名稱／擁有木造門框造型車庫的住家

　　兩旁都被3層樓建築包圍的20坪土地，靠近道路底端的鄰地為旗杆地，其中杆狀部分位在土地南側，可多加利用此處的光照通風效果。1樓空間只有作為車庫、玄關以及臥室使用，主要的生活空間和衛浴設備都在2樓。花費許多工夫將所需設施都集中在同個區塊，保留足夠空間作為共用木造露台空間和收納區使用。

房屋相關資訊
家族成員：夫婦＋小孩2人（小學生＋幼童）
土地條件：建地面積66.51㎡
　　　　　建蔽率60% 容積率200%
　　　　　周遭有許多3層樓高起跳的建築物，為平坦的方正土地。

屋主提出的要求
• 可看見家人臉上表情，有露台設計的廚房
• 鋪設榻榻米的臥室休息空間
• 明亮通風的住家環境
• 客廳有足夠的收納空間

✗ 受到鄰居住家影響，光線無法穿透

造成困擾
進入廁所的動作和聲音可能會影響到廚房作業，清洗區的收納空間也比想像中小。

移動路線受阻
要前往清洗區、廁所還必須先經過廚房，空間感覺非常擁擠。廚房位在角落處，通風效果不佳。

狹小的玄關
大廳到樓梯之間的移動為轉彎動線，讓人感覺空間稍嫌擁擠，可以將大廳空間稍微往內移一些。

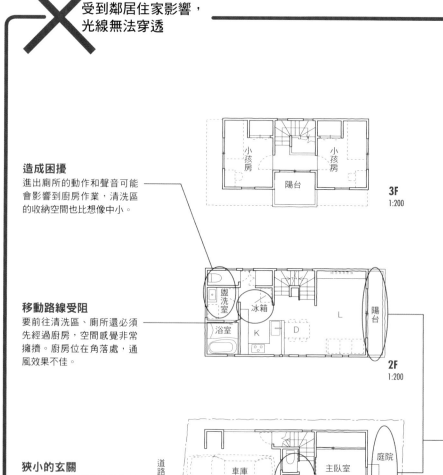

對配置方式抱持疑問！
為了讓距離道路遙遠的東南側獲得充足的光線，所以特地空出空間，但考慮到鄰近建築物等因素影響，似乎對採光和通風沒有加分效果。

鄰居住家玄關引道

考量到動線問題
而重新規劃配置方式

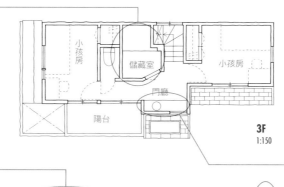

從客廳往DK方向看，佔據整個空間的LDK，雖然彼此相連，但隱身在樓梯牆面後的客廳安靜氛圍和DK空間完全不同，大片落地窗讓室內保持明亮和通風。

有效利用
和1樓一樣都利用樓梯上方空間作為儲藏室使用。

空間變寬敞
盥洗室和更衣間的共用區設有隔間，並增加收納面積。考慮到聲音和動線問題，決定將廁所空間移到3樓。

**一直線設計
使用上更方便**
廚房到餐桌都是直線配置方式，同時也是能夠使用影音播放設備，增添生活樂趣的空間。而且在直線動線的最底端則設有符合屋主期望的後方露台，採用能促進空氣流通的開關門，達到通風效果。

善用樓梯下空間
利用樓梯下方空間作為大面積的收納區使用。

小孩房
儲藏室
小孩房
門廳
陽台

3F
1:150

3樓的洗手台

方便的洗手台
3樓的清洗區對於需要垂直移動的3樓建築來說可省去上下樓時間，顯得格外方便。

矮櫃收納
使用訂做的客廳收納櫃，有考慮到壁掛式電視的管線配置方式，以及空氣環境對牆面的影響，而採用能夠適應溫差的牆面建材。

盥洗室
浴室
後方露台
L
K
D
木造露台

2F
1:150

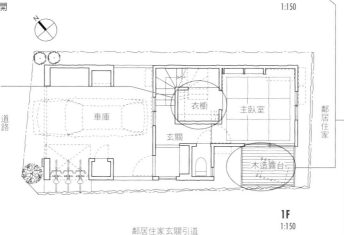

道路
車庫
衣櫥
主臥室
玄關
鄰居住家
木造露台

1F
1:150

鄰居住家玄關引道

建地面積／66.51㎡
總樓地板面積／90.92㎡
設計／鶴崎工務店
名稱／善用鄰居住家玄關引道空間的住家

採光良好！
將整棟建築物的採光方向設定為西南方，在考慮到周邊環境因素後，找出最有效的採光方式，就能讓室內保持明亮。

室內空間有柔和陽光照射，將LDK設在北側的房屋

059

位在安靜住宅區內，為大面積土地經分割後的一部分，土地本身是細長南北向，和道路有高低差，屋主因此希望室內能有2樓夾層的收納空間。改良後的設計將屋主要求納入考量，避免收納空間地分散，而是以大空間的收納為中心，規劃出完整有效率的收納設計。此外，由於房屋南側部分空間受環境限制，所以決定在2樓的中央設置陽台，讓位在北側的LDK能獲得充足的光線照射。

> **房屋相關資訊**
> 家族成員：夫婦＋小孩1人（幼童）
> 土地條件：建地面積130.00㎡
> 　　　　　建蔽率50% 容積率80%
> 　　　　　位在安靜住宅區內的一角，大片土地分
> 　　　　　割後的其中四分之一，為南北向的細長
> 　　　　　狀土地。
>
> 屋主提出的要求
> • 2樓LDK要有露樑等傾斜天花板設計
> • 利用高低差設置收納空間
> • 室內車庫空間

✗ 沒有樓梯收納空間，過於講究南向LDK的設計

時機未到！
最快也要到小學高年級孩子們才會需要自己的房間，距離現在還有將近10年的時間，現在就進行隔間計畫，很有可能讓空間淪為「不常使用的空房」。

應捨棄既有概念
將LDK設在南北細長土地上光線充足的地點，那麼勢必會犧牲其他空間的光照效率，不妨找出北側環境良好的地點加以活用，需捨棄LDK=房屋南側的既有概念。

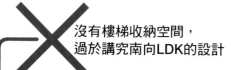

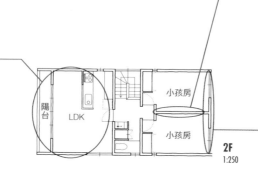

有點暗？
北側的休憩空間果真如預期缺乏光線照射，不過就小孩房設置地點來說，北側似乎也是可行選擇，不過還是需要改善北側的採光環境。

2F
1:250

收納效率不佳
太執著於固定式衣櫥的外型，導致收納容量不足。在規劃收納空間時，重點應放在用途上，而非拘泥於外型。

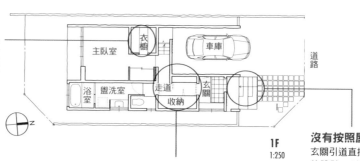

1F
1:250

沒有按照屋主要求
玄關引道直接連接至1樓地板的設計，以技術來說不成問題，但卻無法設置樓梯收納空間。

收納功能太過分散
建築物內的收納空間過於分散，會增加收納的開關門數量，連帶影響到裝潢預算。還會造成室內空間設計的不完整性，徒生負面效果。

光線充足的2樓北側LDK！

2樓北側的LDK，在前方中央設置了中庭式陽台，即便是房屋北側也能有足夠的陽光照射。

因應將來的生活型態
將LDK設在北側，就能夠將南側日照充足的南側空間，作為之後可劃分為小孩房的多用途空間使用。將來可以將此空間隔開為約3坪大的2個房間，等到小孩離家獨立後，還是能夠重新當作多用途空間使用。

多用途空間

陽台

LDK

2F
1:200

北側的LDK
因為設置了陽台，讓北側也能有南向的部分，將其空間作為LDK使用，就不需要在意鄰居住家的視線，比起直接將LDK設在南側的方式更有利。

集中收納
利用高低差在1樓和2樓的樓梯間設置平台作為收納區。5坪大的空間有足夠的收納容量，不必再四處設置收納區。

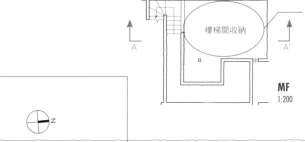

樓梯間收納

MF
1:200

效率絕佳！
決定不要將廁所設為獨立空間，就樣就能省略不必要的牆面和開關門設計。走道的必要空間也可作為收納區使用。

N

庭院

主臥室

衣櫥

浴室

盥洗室廁所

玄關

車庫

道路

1F
1:200

1樓的廁所和盥洗更衣室

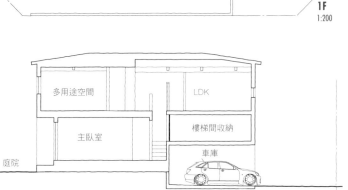

多用途空間

主臥室

庭院

LDK

樓梯間收納

車庫

A-A' 剖面圖
1:200

建地面積／130.00㎡
總樓地板面積／113.66㎡
設計／參創houtec＋casabon住家環境設計
名稱／國立的家

060 玄關土間和休閒室 結合成環繞式動線的住家

為了要加強位在土地南側的原有住宅連結性，於是在玄關設置土間通道。從外觀看來是採用給人單層建築印象的大型屋頂，但考慮到來自北側道路的視線問題，決定將北側屋頂拉低，如此一來客廳就有寬廣的挑高，便能有效提升南側的採光。明亮的LDK空間還可透過和室格的方格拉門的開啟，以及增設木造露台來增加整體空間的開放感。

房屋相關資訊
家族成員：夫婦＋小孩1人
土地條件：建地面積306.16㎡
　　　　　建蔽率60% 容積率200%
　　　　　雖然位在工業區內，不過是屬於較安靜的環境地帶，土地為南北向中長狀，北側連接道路。

屋主提出的要求
• 1層樓建築，要有寬敞的室內空間
• 強調和住宅本體的連結感
• 客廳使用和室矮桌，餐廳要有餐桌
• 可擺放鋼琴的空間

✕ 空間的浪費且方便性不足

小孩房缺乏光線照射
因為在南側設置了大型屋頂，連帶影響到2樓南側小孩房的採光效果。

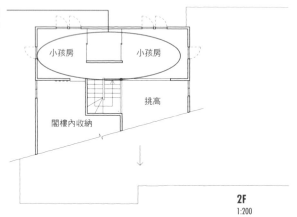

小孩房　小孩房
挑高
閣樓內收納

2F
1:200

避免直接相連
設置和室與廚房之間的往來出入口是不錯的構想，但是要避免直接相連的移動路線。

面向門廊的和室緣廊
與和室相連的緣廊空間可增添日式風情，但卻直接面向門廊位置，另外就整體花費來說，似乎是有點奢侈的設計。

避免視線直接穿透
從廚房可直接看見打開廁所門後的情形，盥洗室和儲藏室的出入口相互交錯，在移動時會造成危險。

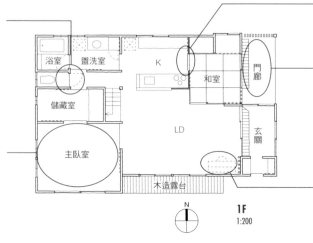

浴室　盥洗室　K
儲藏室　和室　門廊
　　　　LD　玄關
主臥室
木造露台

1F
1:200

面積過大！
5坪大的臥室空間，面積過大且使用不便，需縮減空間大小。

衍生無用處空間
因為將鋼琴擺放在客廳內，所以要確保客廳有寬敞的空間，但卻很容易因此衍生無用處空間。

北側的大屋頂讓室內充滿來自南側的光線照射

從挑高處往下看，客廳因為挑高天花板顯得十分開放。和室則是和客廳以平坦地板相連，可將和室門關上成為獨立空間。

運用大自然的力量
太陽能發熱系統需要使用到聚熱板，所以在此裝設了10片聚熱玻璃。

南側外觀

南側的陽光
小孩房是面向南邊的配置方式，可接收南側陽光，讓空間保持明亮。還可透過挑高將光線引導至1樓客廳。

北側的大屋頂
將北側屋頂變更為大片屋頂，從北側道路看到的房屋外觀也變得好看許多。

往上延伸
在客廳設置挑高，讓空間不只往水平方向延展，還增加了垂直方向的延伸感。

A-A' 剖面圖
1:200

2F
1:200

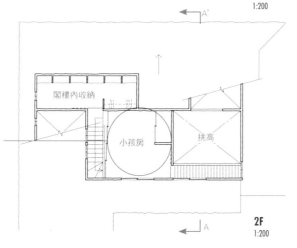

北側外觀，從北側道路看過來，給人單層建築物印象，在靠近道路一側設置小屋，不會讓人感覺壓迫，而是會散發出一股寧靜的佇立感。

隱密的廁所
採用盥洗室和更衣間分開，可從盥洗室進入廁所的隔間方式，廁所位置隱密，移動路線也很順暢。

用途多元的休閒室
為了要擺放鋼琴所規劃的休閒室空間，也裝設有吧台桌，除了彈奏鋼琴外，還具備其他用途。

建地面積／306.16㎡
總樓地板面積／123.93㎡
設計／小林建設
名稱／內島町的家

利用土間連接
土間玄關與客廳和和室相互連接，踏台高度適中可供坐下休息，也能作為和室緣廊使用。

相連的LDK
中島式廚房設計讓LDK成為無隔間的開放式空間。

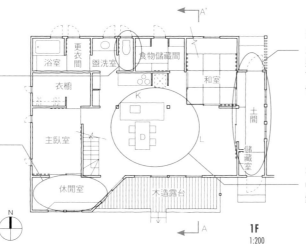

1F
1:200

深度達20m的細長狀住宅，藉由2樓中庭獲得採光及通風

　　為京都特有的寬度狹窄，長度細長的土地，若要在這種土地上搭建房屋，會很容易出現室內光線不足的缺點。在京都通常都會在住宅內設置中庭或小庭院，所以決定將相同概念套用在2樓的空間規劃，讓空間保持寬敞、明亮與通風。具體作法是將2樓部分空間挖空，搭建一個空中的中庭，陽光可透過天窗照射到樓下空間，利用這樣的格局規劃方式，讓室內空間保持明亮。

房屋相關資訊

家族成員：夫婦＋小孩（成人）
土地條件：建地面積91.03㎡
　　　　　建蔽率60％ 容積率100％
　　　　　寬度4.5m，長度達20m的細長狹小土地，和鄰居住家幾乎是緊鄰狀態。

屋主提出的要求
- 因為小孩已經長大，所以想從郊外搬家到便利的都市區
- 明亮通風的住家環境
- 具開放感的樑柱外露設計

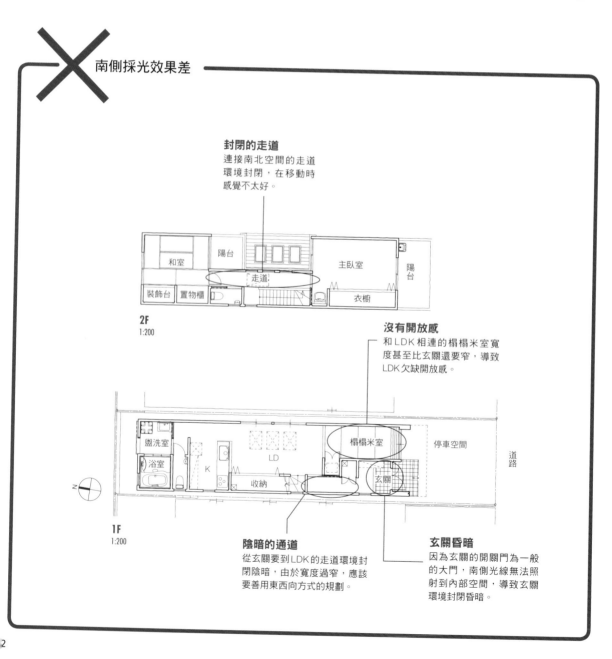

✕ 南側採光效果差

封閉的走道
連接南北空間的走道環境封閉，在移動時感覺不太好。

2F
1:200

沒有開放感
和LDK相連的榻榻米室寬度甚至比玄關還要窄，導致LDK欠缺開放感。

1F
1:200

陰暗的通道
從玄關要到LDK的走道環境封閉陰暗，由於寬度過窄，應該要善用東西向方式的規劃。

玄關昏暗
因為玄關的開關門為一般的大門，南側光線無法照射到內部空間，導致玄關環境封閉昏暗。

光線從上方和旁邊透入的 明亮1樓空間

左：從LDK往玄關方向看，透明拉門後方是玄關位置，花費許多心思在南側的室內採光效果上。
右：在玄關所看到的LDK，明亮的光線從天窗照射進來。

光線充足的中庭
將2樓的一部分空間挖空，用來裝設1樓屋頂的天窗，利用住家中央的明亮採光來彌補光線無法到達室內最底端空間的缺失。

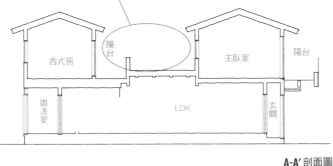

A-A' 剖面圖
1:200

「中庭」的效用
部分空缺的空間用來裝設天窗，這也讓2樓休憩空間的南北側都設有窗戶，能有效改善通風。

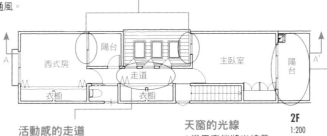

透光的陽台
陽台的地板採用纖維強化塑膠，可幫助光線穿透到達樓下，讓容易顯得陰暗的玄關前方保持明亮。

2F
1:200

活動感的走道
走道的地板有鋪設強化玻璃，增加在上下樓時的活動感，連在移動時都會感覺心情愉快的走道空間。

上面是鋪設玻璃的2樓走道。

天窗的光線
3道天窗能將光線帶入室內空間，讓中央到北側都能有足夠的光線照射。

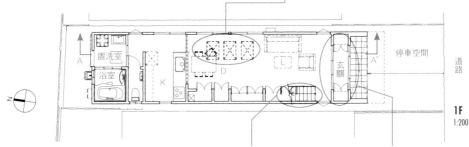

1F
1:200

建地面積／91.03㎡
總樓地板面積／89.43㎡
設計／DEZAO建設
名稱／與陽光微風共處的住家

不再是障礙物的樓梯
設置在LDK空間內的樓梯，採用不容易踩空的跳躍式樓梯設計，沒有強烈的存在感，不會對LDK的開放程度造成影響。

光線充足
捨棄收納空間，保有完整寬度的玄關空間，能接收來自南側的大量光線，LDK則是能透過南側和上方光線保持明亮。

一切都是從屋主提出的「簡單沒有複雜設計的住家」構想而開始，在四方形的白色箱子裡還藏有另一個玻璃箱，利用懸空的樓梯來連接上下樓層。

改良前的設計是採用將天窗光線透過挑高，進入到1樓空間的隔間方式，屋主最後之所以會捨棄前者的花俏設計，而選擇簡單的改良後設計，那是因為居住者有認真思考對自己來說怎樣是最理想的居住環境。

房屋相關資訊
家族成員：夫婦＋母親
土地條件：建地面積91.70㎡
　　　　　建蔽率60% 容積率160%
　　　　　位於住宅密集區內，前方有狹窄道路，
　　　　　房屋北側則有公寓建築，沒有高低差問
　　　　　題。
屋主提出的要求
• 有頂樓空間的3層樓住宅
• 縮小庭院範圍增加室內寬敞度
• 確保住家隱私不會曝光
• 母親的休閒室（裁縫）

✕ 陰暗的LDK，不安全的玄關的出入口

空間擁擠！
受到北側高度限制，必須在天花板高度很低的空間內劃分區域，空間小到讓人喘不過氣。

好窄！
刻意在南側設置樓頂陽台，但卻因為要裝設天窗而壓縮到陽台空間。

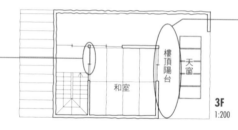

樓頂陽台　天窗　和室

3F
1:200

過於無趣
將樓梯設在住家中央，只能作為移動空間使用，上下樓完全沒有樂趣可言。

誰要負責清潔窗戶？
挑高上方的天窗不論是開關或是在清潔上都有一定的難度在。

互動性佳卻……
面向挑高的臥室雖然和其他空間的互動良好，但是缺乏空間隱私，還會聞到廚房氣味和聽到來自LD的聲音。

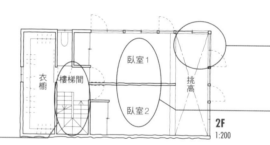

衣櫥　樓梯間　臥室1　臥室2　挑高

2F
1:200

收納空間不足
採用一般的隔間方式，但是清洗用品的擺放空間卻不夠，屋主對此很有意見。

面向道路
玄關直接面對前方道路，會很在意行人的視線。

空間昏暗
都市密集區的住宅1樓採光效果通常不是很好，室內空間經常都是呈現昏暗狀態，需要裝設天窗和地板暖氣設施。

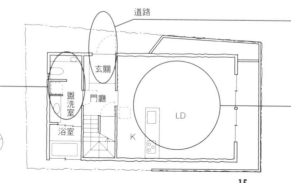

道路　玄關　門廳　盥洗室　浴室　LD　K

1F
1:200

2樓LDK 和寬敞的 樓頂使用空間

左：裝有大片玻璃門的2樓LDK樓梯空間，可直接看到前方內部的L字長型廚房左手邊的廁所空間。
右：從3樓的樓梯往下看，彷彿懸空的樓梯設計，可輕鬆爬上3樓。

一體的寬敞空間
因為有北側高度限制，導致空間的天花板高度較低，作為和室使用能讓心情保持平靜，與樓梯連接則能讓空間保持寬敞。

空間寬敞還能保護隱私
可作為喝下午茶和讀書空間的樓頂陽台，靠近道路一側設有到腰部高度的木製外牆，可保護住家隱私。

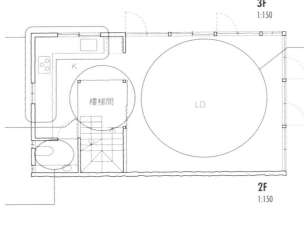

3F 1:150

很長的廚房
L型的長型廚房很適合親子一起使用。

視線可穿透
以透明玻璃包覆樓梯間，可直接看到整個樓層，製造視覺上的寬敞感。藉由樓梯間的設計還能減少空調的溫度流失。

玻璃房間
在沒有任何多餘設施，10坪半大的LD空間的東南側全都裝設有玻璃門，打造出明亮又開放的公共空間。

轉個彎即可到達
進到廚房轉個彎就會看到廁所，不會直接被在客廳裡的人看見。

2F 1:150

貼心的玄關設計
為了不讓住家隱私曝光，以及避免被雨淋溼，所以設置了門廊，此處的緩衝區可提升從玄關進入的動線流暢度。

如同地下室的幽靜空間
1樓臥室前方裝設有寬度1.2m的牆面花園，可擺放常春藤等植物來綠化空間，感受到彷彿於地下室的幽靜。

和洗衣機分開
稍微將廁所和洗手台隔開，洗衣機則是隱身在左右拉門的後方。

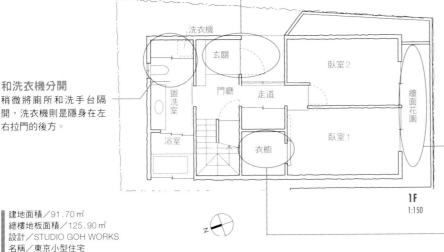

1F 1:150

隱藏式空間？
推開書櫃就會看見衣櫥，可作為出入口和書櫃使用。

建地面積／91.70㎡
總樓地板面積／125.90㎡
設計／STUDIO GOH WORKS
名稱／東京小型住宅

063 採光通風良好，設有大型挑高的住宅

　　為25坪大的旗杆狀土地，居住者只有夫婦兩人，所以不需要太多使用空間，必須思考如何在密集住宅區內，規劃出舒適的生活空間。改良後的設計比起之前增加了一些空間能好好利用，採用L型的房屋外觀，並將2處的挑高結合，創造出光線充足通風良好的LDK空間。另一個重點則是樓梯設計，利用樓梯的垂直穿透空間，讓光線可到達住家樓下的空間。

房屋相關資訊
家族成員：夫婦
土地條件：建地面積80.33㎡
　　　　　建蔽率 60%（一部分80%）容積率200%
　　　　　距離京都市中心很近，位在從以前就是商店街內的旗杆式土地。

屋主提出的要求
• 耐震力和大空間
• 和北義大利郊外住宅相似的房屋設計

✕ 整齊劃分的小空間，用途卻不明確

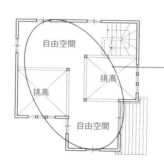

3F 1:200

自由空間　挑高　挑高　自由空間

不明白使用方式
在3樓2處挑高之間有連接走道，雖然是很有趣的設計，但是不曉得同樣大小的2個自由使用空間的使用方式為何。

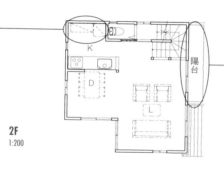

2F 1:200

K　D　L　陽台

收納空間不足
廚房後方的空間狹小，收納空間不足，除了碗盤以外，廚房周邊還有需保存食材等大量物品都需要有收納空間。

目的為何？
在LDK旁邊設有陽台，但是與LDK連接成一體的外部空間卻過於狹小，而且LDK旁邊的空間也不適合作為曬衣場使用。

1F 1:200

浴室　盥洗室　玄關　鄰地　儲藏室　主臥室　道路

被牆壁包圍
玄關到玄關門廳都被牆壁包圍，形成一個封閉空間，再加上隔壁房間的衣櫥佔用空間，導致玄關空間不完整又狹窄。

空間嚴重不足……
整間臥室裡只有衣櫥一個收納空間，實在是不太夠，雖然說隔壁就是儲藏室，但還是希望平常在收納衣物時能更輕鬆自在。

**用途明確
完整發揮空間特性**

左：L型連接的2樓LDK。廚房後方的有半透明的碗盤收納櫃，有客人來訪時可關櫥櫃門。
右：從3樓的挑高往下看。

空間感集中
加強3樓書房的用途，左右兩旁有2個挑高空間，和樓下家人互動不成問題，特定用途的場所能增加空間集中感。

3F
1:200

樓梯也具備設計感
延伸至3樓的樓梯不只是單純的移動空間，不但能增加上下樓時的樂趣，還具備突顯其他空間的效果。

大容量收納
廚房後方有大量的收納空間，可用來擺放許多相關用品，當客人來訪時可將櫥櫃門關上。

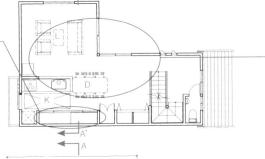

2F
1:200

利用L型空間
LDK為主要的生活空間，利用L型土地建築物的特性，將客廳和餐廳以交錯方式配置。雖然是同在一個空間，彼此之間還是存在空間區別性。

動線上的衣櫥
臥室旁設有大型的固定式衣櫥，其位置剛好是在前往盥洗室和浴室的動線上，平常也能隨時使用。

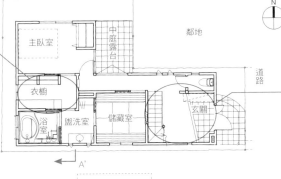

1F
1:200

上方的光線
由於在玄關門廳設置了跳躍式樓梯，光線可藉由挑高照射至玄關，讓整個空間保持明亮。

透過挑高連接的2、3樓空間

建地面積／80.33 ㎡
總樓地板面積／123.61 ㎡
設計／DEZAO建設
名稱／挑高住家

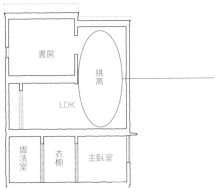

A-A' 剖面圖
1:200

往上延伸的開放感
LDK有2處挑高，會感覺整個空間變得更為寬敞舒適，能藉由挑高接收到大量光線。

064 具備流暢的家事動線，明亮且往來方便的住宅

幾乎是正方形的土地，2側與道路連接，條件不差的20多坪建地。希望的必備生活空間包括有書房、中庭和室內晾衣間等，但由於實在沒多餘空間可作為中庭使用，於是放棄這個想法，集中規劃出各個空間，規劃出書房和晾衣間。將晾衣間設在廚房旁邊，能有效提升家事效率。而為了彌補室內收納空間不足的缺失，特地將車庫上方空間作為收納區使用。

房屋相關資訊
家族成員：夫婦＋小孩1人（幼童）
土地條件：建地面積70.21㎡
　　　　　建蔽率470% 容積率200%
　　　　　周遭有許多老舊房屋，2側為道路的正方形土地。

屋主提出的要求
• 維繫家人情感的規劃設計
• 小孩能到處奔跑玩耍的空間
• 作菜時的味道不會飄散到其他房間
• 男主人的書房、中庭、室內晾衣間等

✗ 動線規劃差，沒有足夠光線照射

3F 1:200

無法因應將來的變化
開口處過於狹窄，之後不好劃分區域。

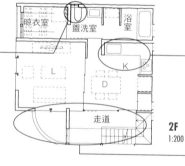

2F 1:200

吵雜的廁所環境
廁所位在晾衣間連接浴室的走道中央，使用時會受到外在環境影響。

視線可穿透的廚房
與LDK在同個空間內，從LD會直接看到廚房內的一舉一動。

南側光線無法到達
樓梯間和走道都在房屋南側，導致陽光無法完全照射到LDK。

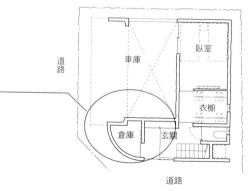

1F 1:200

動線阻塞
為了配合土地形狀而設置的弧形倉庫，對車庫到玄關的動線造成阻礙，移動上極為不便。而且沒有設置擋板牆會對小孩的安全造成危害。

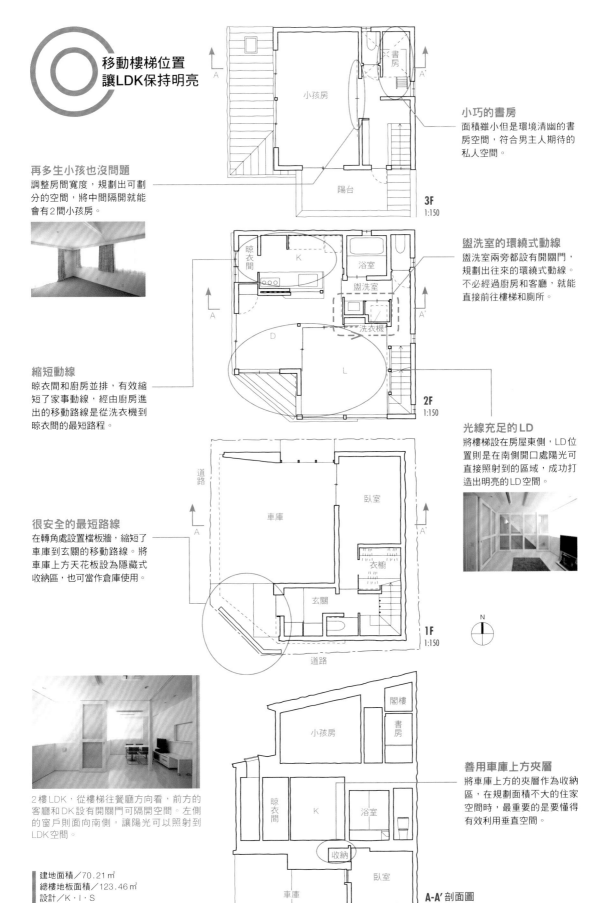

移動樓梯位置
讓LDK保持明亮

小巧的書房
面積雖小但是環境清幽的書房空間，符合男主人期待的私人空間。

再多生小孩也沒問題
調整房間寬度，規劃出可劃分的空間，將中間隔開就能會有2間小孩房。

盥洗室的環繞式動線
盥洗室兩旁都設有開關門，規劃出往來的環繞式動線。不必經過廚房和客廳，就能直接前往樓梯和廁所。

縮短動線
晾衣間和廚房並排，有效縮短了家事動線，經由廚房進出的移動路線是從洗衣機到晾衣間的最短路程。

光線充足的LD
將樓梯設在房屋東側，LD位置則是在南側開口處陽光可直接照射到的區域，成功打造出明亮的LD空間。

很安全的最短路線
在轉角處設置檔板牆，縮短了車庫到玄關的移動路線。將車庫上方天花板設為隱藏式收納區，也可當作倉庫使用。

小孩房

書房

3F
1:150

陽台

晾衣間　K
浴室
盥洗室
洗衣機
D
L

2F
1:150

道路
車庫
臥室
衣櫥
玄關

1F
1:150

道路

N

2樓LDK，從樓梯往餐廳方向看，前方的客廳和DK設有開關門可隔開空間。左側的窗戶則面向南側，讓陽光可以照射到LDK空間。

善用車庫上方夾層
將車庫上方的夾層作為收納區，在規劃面積不大的住家空間時，最重要的是要懂得有效利用垂直空間。

閣樓
書房
小孩房
晾衣間　K　浴室
收納
臥室
車庫

A-A' 剖面圖
1:150

建地面積／70.21㎡
總樓地板面積／123.46㎡
設計／K・I・S
名稱／小若江的家

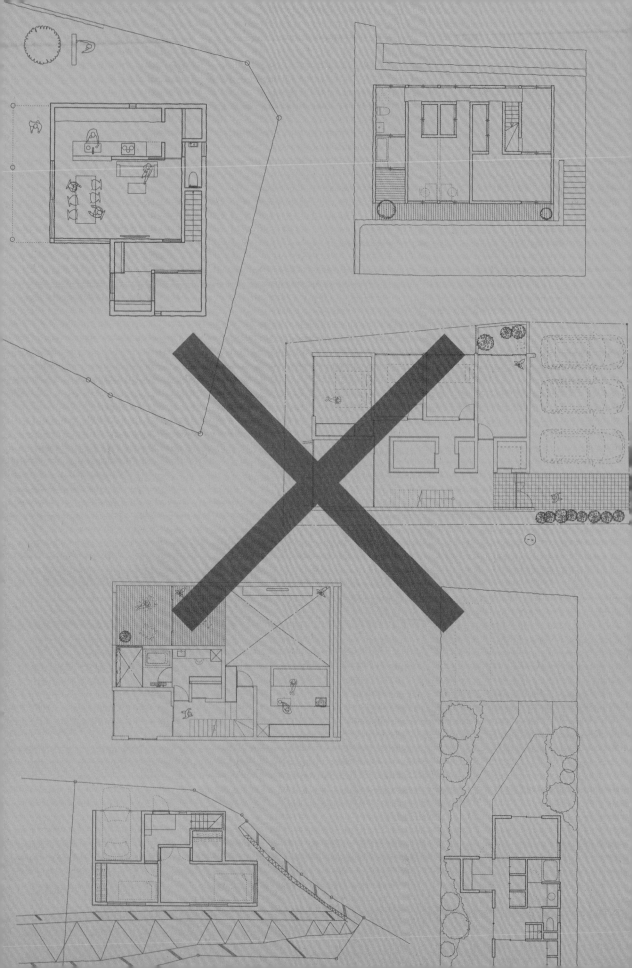

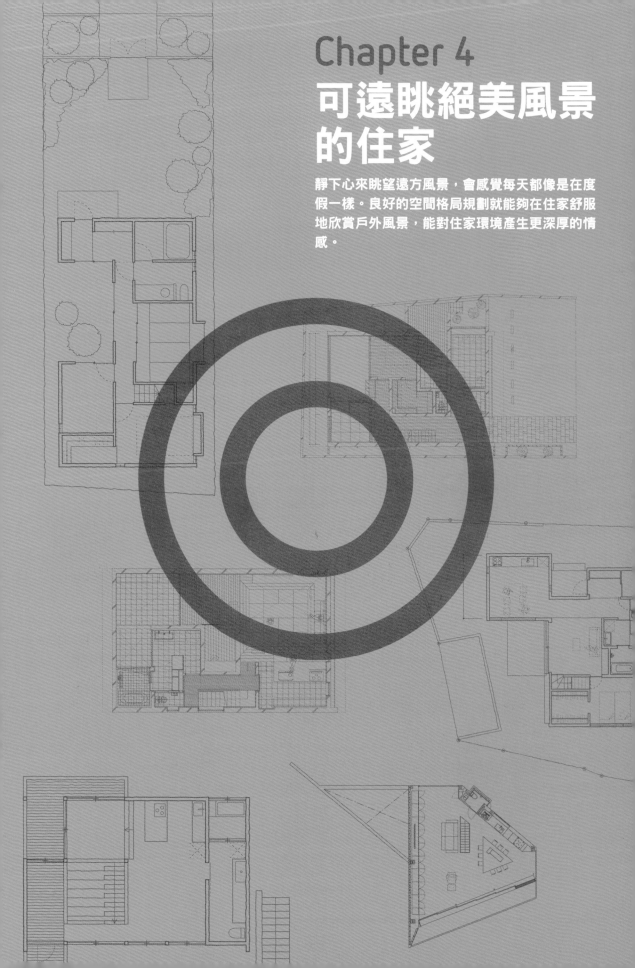

Chapter 4
可遠眺絕美風景的住家

靜下心來眺望遠方風景，會感覺每天都像是在度假一樣。良好的空間格局規劃就能夠在住家舒服地欣賞戶外風景，能對住家環境產生更深厚的情感。

065

設置全開式大開口，可眺望完整風景的房屋

在鋼筋水泥的房屋基礎架構外，再搭配上白色的錯位外箱設計，以及木造的屋頂。面向1樓北側創作空間的中庭被高圍牆包覆，不必擔心住家隱私曝光。在房屋東側則有和衛浴設備成為一體的臥室空間，眼前的綠色景觀會讓人彷彿置身在度假飯店。2樓的家庭空間面積寬敞，可欣賞周遭的森林美景，以及前方廣闊的完整風景，牆面並設有整齊的收納及衛浴設備空間。

房屋相關資訊
家族成員： 夫婦
土地條件： 建地面積293.31㎡
　　　　　 建蔽率40% 容積率80%
　　　　　 位在能往下俯看大海，擁有絕佳景色的地點。面向山崖的不方正有高低差的土地。

屋主提出的要求
• 媲美飯店設施的居家空間
• 使用鐵板的內建式餐桌
• 能在房屋北側設置創作空間
• 徹底發揮土地特性搭建而成的建築物等

✕ 沒有發揮形狀不方正土地的特色

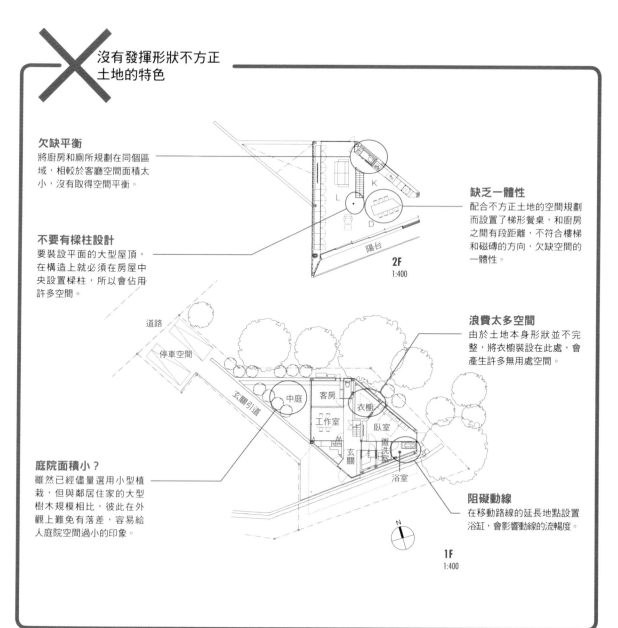

欠缺平衡
將廚房和廁所規劃在同個區域，相較於客廳空間面積太小，沒有取得空間平衡。

不要有樑柱設計
要裝設平面的大型屋頂，在構造上就必須在房屋中央設置樑柱，所以會佔用許多空間。

庭院面積小？
雖然已經儘量選用小型植栽，但與鄰居住家的大型樹木規模相比，彼此在外觀上難免有落差，容易給人庭院空間過小的印象。

缺乏一體性
配合不方正土地的空間規劃而設置了梯形餐桌，和廚房之間有段距離，不符合樓梯和磁磚的方向，欠缺空間的一體性。

浪費太多空間
由於土地本身形狀並不完整，將衣櫥裝設在此處，會產生許多無用處空間。

阻礙動線
在移動路線的延長地點設置浴缸，會影響動線的流暢度。

2F
1:400

1F
1:400

可眺望大海和森林的無樑柱大空間

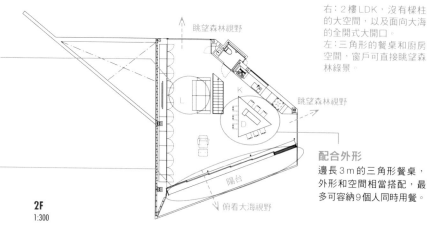

右：2樓LDK，沒有樑柱的大空間，以及面向大海的全開式大開口。
左：三角形的餐桌和廚房空間，窗戶可直接眺望森林綠景。

欣賞兩旁美景
在房屋中央放置大型沙發，前方有浩瀚的海景，後方則有廣闊的森林，採用可隨時在室內欣賞自然美景的規劃方式。

直接感受
可透過全開式的窗戶設計眺望周圍全景，能夠看到水平橫向直線發展的景色，直接感受到大自然的奧妙變化。

2F
1:300

配合外形
邊長3m的三角形餐桌，外形和空間相當搭配，最多可容納9個人同時用餐。

劃分為2個部分
將衣櫥形狀規劃為倒ㄇ形，將部分空間規劃為收納區，提升空間使用效率。

可變換為同個空間
利用折疊門作為隔間，讓工作室空間可延伸至客房，成為一體性空間，可提供多人在此聚會活動。

柱狀設計
朝著細長坡道往下走會看到三角形的柱狀設計，山崖邊的凸出設計也更能突顯住家旁有大海的特色。

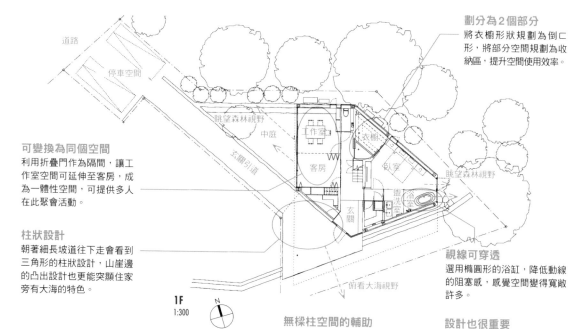

1F
1:300

視線可穿透
選用橢圓形的浴缸，降低動線的阻塞感，感覺空間變得寬敞許多。

無樑柱空間的輔助
為打造出五角形的無樑柱空間，需搭配上平緩的傾斜屋頂，而使用鋼筋和木頭混合而成的露樑屋頂來作為天花板。

設計也很重要
由於設置大型開口會出現大片陰影，所以要考慮到日照調整等機能性因素，再藉由設計來強化房屋外觀印象。

玄關引道設計
在面向山崖的和緩坡道上設置長距離的玄關引道，越往內走期待感也會隨之升高。

建地面積／293.31㎡
總樓地板面積／174.30㎡
設計／APOLLO（黑崎敏）
名稱／Le49

立體圖
1:300

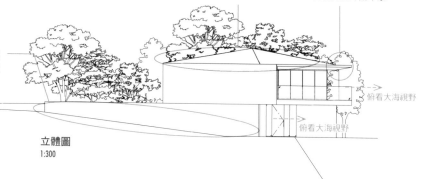

066

增進眺望樂趣的「上升陽台」住宅

擁有良好視野的4人家庭住宅，一開始屋主並沒有提出挑高設計要求，但在討論過程中，對方表示很重視房屋的光線和寬敞度，於是決定在規劃上加入挑高空間。完成後的整體設計不論是氣氛和色彩等配置方式都很符合要求，在規劃時有參考了屋主的空間用途和生活型態等各方面的想法。雖然房屋南側具備能眺望風景的高度，但由於和鄰居住家距離很近，導致空間不夠開放，所以將整修重點擺在2樓的陽台上，打造出提升眺望樂趣的空間。

房屋相關資訊
家族成員：夫婦＋小孩2人
土地條件：建地面積171.14㎡
　　　　　建蔽率50% 容積率100%
　　　　　位在安靜住宅區內，可眺望風景的土地，南側高低差約有2m。

屋主提出的要求
• 可看夜景的2樓楊台
• 流暢的家事動線規劃
• 只要有1間廁所就好
• 擺放古董傢俱和照明射備等物品的空間

使用不便，無法欣賞夜景

視線遮蔽
雖然按照屋主要求設置了陽台，但高度不夠無法欣賞到完整的夜景。

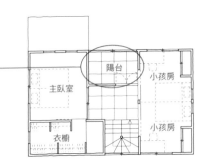

陽台
主臥室　小孩房
小孩房
衣櫥

2F
1:200

家事動線過長
各個空間距離不算遠，但由於動線阻塞，需繞路而行感覺路途遙遠。盥洗室入口地板比樓梯下方還低，會讓人不太想往來。

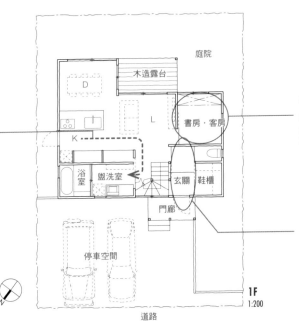

庭院
木造露台
D
L
書房・客房
K
浴室　盥洗室
玄關　鞋櫃
門廊
停車空間

1F
1:200

道路

有總比沒有好？
無論大小和位置都不太適合的空間，並非屋主提出的必要空間，使用上也不方便。

封閉的玄關
位在房屋北側的封閉玄關，只是連接內外的通道空間，需要提升進出環境和迎接客人時的空間開放感。

簡單的隔間
能完成所有要求

1樓客廳，一旁有會讓人很想上樓的典雅樓梯空間，客廳中央則有從腰部位置裝設玻璃的玄關門廳。廚房和玄關門廳都能透過挑高展現出空間的開放感。

上升的陽台

從門廳出來還要往上走的陽台空間，增加了些許高度，視線不會被遮蔽可欣賞到一整片的夜景。

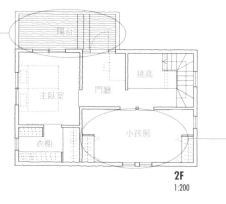

2樓門廳。右側是小孩房，門廳和挑高連接為一體空間。

2F 1:200

將來可劃分區域

之後可隔開的完整空間，並設有對稱窗戶等裝置，在小孩年紀還小時，可利用開關門與門廳連接，成為小孩能夠來回奔跑玩耍的寬敞空間。

不只是上下樓空間

捨棄用途不明確的「書房‧客房」空間，將樓梯位置移動到這裡，採跳躍式設計，能有效提升LDK空間的開放感。

直接到達的動線

收納空間與由屋主支付費用的傢俱相互搭配，減少收納空間寬度，也縮短了與衛浴設備之間的動線距離。

化妝間

在移動樓梯後的多餘空間設置衣櫥，與衛浴設備相連的衣櫥間也可作為梳洗空間使用。

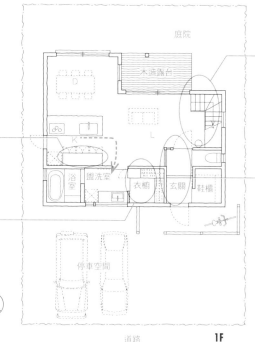

視線直接穿透

打開玄關大門進到室內，可透過玻璃門看到庭院景觀。

1F 1:200

建地面積／171.14㎡
總樓地板面積／98.67㎡
設計／JOB
名稱／山手台的住宅

067 大型樓梯串聯起家人情感，享受綠意美景通風良好的住家

　　屋主希望擁有2層樓高，少隔間的寬敞居家空間，剛開始討論時針對空間規劃一直沒有達到共識，因此就先提出只保留所需房間的格局規劃方式。在經過多次意見交流後，最後決定室內不要有任何獨立空間。此外還要加強1樓和2樓之間的連結性，因此在大型樓梯上方設置挑高，作為連接上下樓的裝置。整個住宅內部除了衛浴設備外，都是屬於無隔間的開放式空間。

> **房屋相關資訊**
> 家族成員：夫婦＋小孩1人（幼童）
> 土地條件：建地面積165.32㎡
> 　　　　　建蔽率40% 容積率80%
> 　　　　　自然景觀豐富環境優良的土地，有高達
> 　　　　　3m的高低差。
>
> **屋主提出的要求**
> • 無隔間而且能夠感受到家人情感的空間
> • 希望有陽台這類能夠眺望風景的場所
> • 開放式小孩房的家
> • 有個大容量的收納空間及中島廚房等

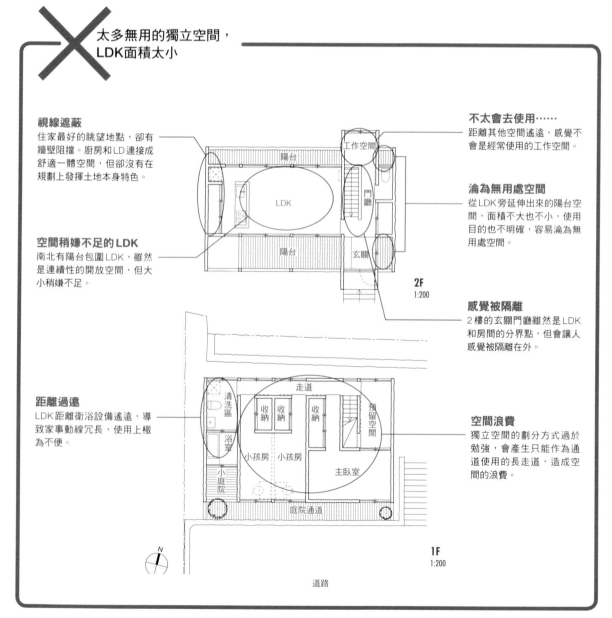

✕ 太多無用的獨立空間，LDK面積太小

視線遮蔽
住家最好的眺望地點，卻有牆壁阻擋。廚房和LD連接成舒適一體空間，但卻沒有在規劃上發揮土地本身特色。

空間稍嫌不足的LDK
南北有陽台包圍LDK，雖然是連續性的開放空間，但大小稍嫌不足。

不太會去使用⋯⋯
距離其他空間遙遠，感覺不會是經常使用的工作空間。

淪為無用處空間
從LDK旁延伸出來的陽台空間，面積不大也不小，使用目的也不明確，容易淪為無用處空間。

感覺被隔離
2樓的玄關門廳雖然是LDK和房間的分界點，但會讓人感覺被隔離在外。

距離過遠
LDK距離衛浴設備遙遠，導致家事動線冗長，使用上極為不便。

空間浪費
獨立空間的劃分方式過於勉強，會產生只能作為通道使用的長走道，造成空間的浪費。

2F 1:200

1F 1:200

道路

(平面圖標示：陽台、LDK、工作空間、門廳、玄關、走道、清洗區、浴室、收納、小孩房、主臥室、預留空間、小庭院、庭院通道)

可欣賞北側風景的開放式空間

正面外觀

1樓的第2個客廳和大型樓梯，樓梯部分的挑高能將照射到2樓的南側光線帶往樓下。樓梯旁的榻榻米室也可作為房間使用。

展望台兼遊樂場
可遠眺風景的陽台，在廚房的視線範圍內，還能作為小孩的遊樂場使用。

立即得知屋內狀況
連接室內與室外的玄關空間，一回到家就能立刻掌控屋內狀況。

玄關空間的視野

風景窗
北側開口能欣賞窗外風景，讓室內能有大量的北側照射光線。

樓梯空間
不只是上下樓空間，可將大型樓梯當作是一個「區域」，挑高則是連接1樓和2樓整個空間的設施。

大自然的恩惠
在視野遼闊的北側設置大型窗和陽台，完整接收來自大自然所賜予的恩惠。

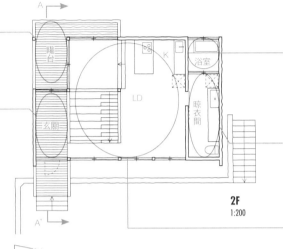

2F
1:200

悠閒泡澡
與生活空間分開，能夠一邊欣賞到不同於陽台等地的風景，一邊放鬆悠閒享受泡澡時光。

集中在同個區域
將廁所等衛浴設備集中在同一區，並設有寵物專用廁所。

寬敞的LDK
想要提升採光效果而在南側設置大開口，為了能欣賞風景也在北側設置開口，讓整個客廳顯得格外寬敞。

房間可隔開使用
沒有明確的隔間裝置，將有多種用途的榻榻米室設在房屋中央，兩旁分別有臥室和小孩房。榻榻米室可藉由簡易的隔間變換成獨立房間，可提供訪客留宿使用。

善用每個空間
不浪費剩餘空間，可用來收納物品，大型樓梯下方有大容量的收納區。

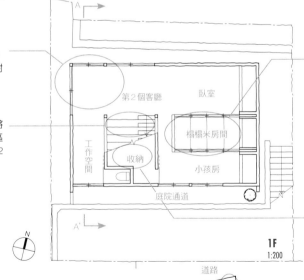

1F
1:200

積少成多
為提升南側的採光效果，在屋頂下方設置大開口。

住家中心的多功能樓梯
大型樓梯位在住家中央，有強烈的存在感，還具備長椅、裝飾架、收納等多樣用途。

A-A′剖面圖
1:200

建地面積／165.32㎡
總樓地板面積／128.40㎡
設計／岡村泰之建築設計事務所
名稱／SU-HOUSE32「light-scape」

068

享受風景和煙火樂趣，能阻絕外來視線的房屋

　　為了有效利用北側的土地特性，考慮到建築物的剖面與外部環境的關係，決定將房屋外觀設計為南北傾斜的厚實建築。傾斜設計能拓寬內部南北延伸空間，客廳則是以榻榻米形式呈現出屋主期望中能使用坐墊的柔和生活空間，房屋南側則包覆有能美化房屋外觀的木製百葉窗板。北側的3樓露台可越過傾斜土牆眺望富士山，可說是能看到一年只舉行一次的秋天祭典煙火大會的貴賓席。

房屋相關資訊
家族成員：夫婦
土地條件：建地面積207.50㎡
　　　　　建蔽率50% 容積率100%
　　　　　北側有防波堤用的30度人工斜坡土牆，越過斜坡土牆可看見遠方的富士山。

屋主提出的要求
- 因應家庭成員變化的可變動居家空間
- 規劃家人各自的嗜好空間
- 使用坐墊席地而坐的客廳
- 大量的收納空間等

✕ 沒有考慮到視線問題，無法發揮空間特性

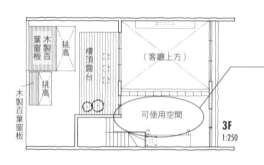

無法劃分區域
作為之後間隔區域的預留空間，但是經過劃分後空間並不完整，不能平均分配空間面積。

出入困難！
必須經由浴室才能進入後方露台（衛浴區小陽台），這樣的家事動線極為不便。

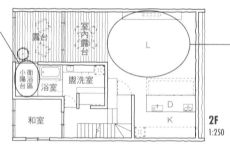

寬敞單調
客廳面積雖然很大，但沒有發揮空間特色，規劃上顯得單調無趣。

隱約可見？
不會直接造成隱私曝光的主臥室配置方式，但也只有以裝設窗簾等方式避免來自傾斜土牆那頭的視線。

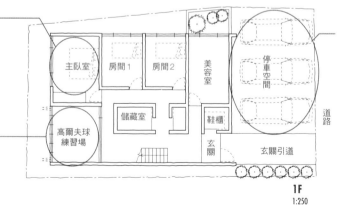

空間不夠大
後院沒有足夠空間。

缺乏整體感
各個空間和露台之間欠缺連結性，室內空間往來不方便。

調整地板高度
提升居家環境舒適度

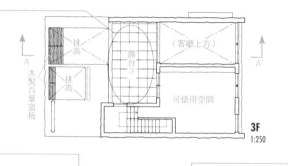

2樓LDK，可看見上方的可使用空間，右上方的玻璃窗外是露台3。廚房旁的榻榻米客廳地板加高，配合挑高的大小適中空間，不會產生壓迫感。

貴賓席眺望地點
能享受祭典、櫻花、富士山美景樂趣的樓頂露台空間，面積寬廣用來舉辦烤肉派對等活動。

面向天空的露台
可看見斜面土牆那頭的風景，能放鬆身心。

家人歡聚同樂
和其他空間相連，成為全家人的歡聚場所。

坐下休息
除了榻榻米空間外，還另外擺放了訂製沙發，可隨意選擇坐下方式的客廳空間。

功能齊全的廚房
包括用餐空間在內的廚房料理台長度有110cm，直接延伸至空間內部，用途非常多樣。

效率提升的動線
後院空間與木造露台相連，衣物清洗完畢後可直接曬乾，直接從主臥室拿出棉被清洗曝曬也很方便。

小庭院綠景
在美容室前方設置小庭院，整個空間充滿療癒感。

高爾夫球練習空間
將開關門全部打開，因為有設置防護網，可直接當作揮桿練習專用場地。還能作為保護住家隱私的緩衝空間。

考慮到房屋剖面的視野範圍
調整室內的視野範圍，將大自然帶入室內，兼具保護隱私功能的剖面空間設計方式。

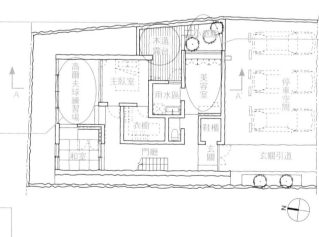

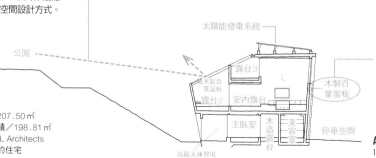

適度阻擋外來視線
可調整住家採光、視野範圍的木製百葉窗板。

建地面積／207.50㎡
總樓地板面積／198.81㎡
設計／LEVEL Architects
名稱／富士的住宅

A-A' 剖面圖
1:400

069

1樓可看到2樓窗外風景，擁有立體寬敞空間的住家

　　房屋位在自然環境資源豐富，地形卻很複雜的山區，室內各個空間都有裝設形狀大小適中的窗戶，可欣賞到周邊不同地形變化的風景。客廳能透過陽台看到外面的樹木綠景，從2樓往下看客廳，會明顯感受到整個空間因為挑高而生的立體視野。藉由房間與房間的連接，營造出比實際面積還要寬廣的空間感，是能夠感受戶外豐富自然環境變化的住家空間。

房屋相關資訊
家族成員：夫婦＋小孩1人（幼童）
土地條件：建地面積231.86㎡
　　　　　建蔽率70％ 容積率200％
　　　　　位在山區中段的不方正5角形土地，和道路有高地差。

屋主提出的要求
• 通風良好的住家環境
• 必要空間一定要有收納區
• 可擺放原有大餐桌的餐廳
• 想要有小型的音樂室

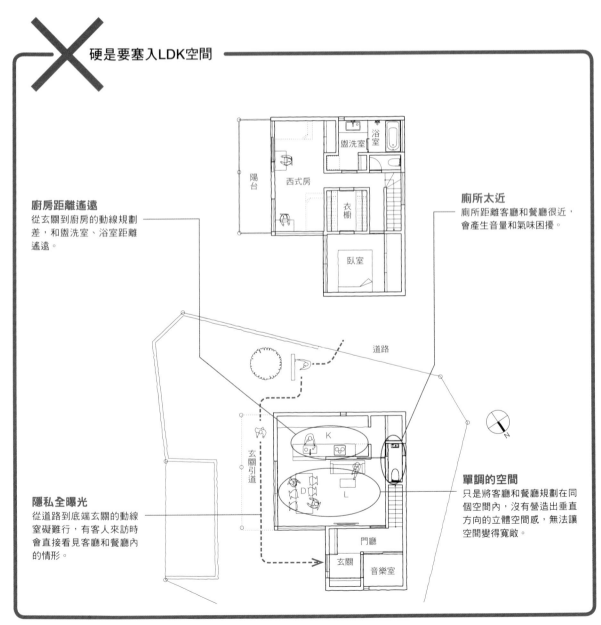

✗ 硬是要塞入LDK空間

廚房距離遙遠
從玄關到廚房的動線規劃差，和盥洗室、浴室距離遙遠。

廁所太近
廁所距離客廳和餐廳很近，會產生生音量和氣味困擾。

隱私全曝光
從道路到底端玄關的動線窒礙難行，有客人來訪時會直接看見客廳和餐廳內的情形。

單調的空間
只是將客廳和餐廳規劃在同個空間內，沒有營造出垂直方向的立體空間感，無法讓空間變得寬敞。

決定將LDK分開，能感受居家空間的變化

左側是客廳，右側底端則是餐廳，客廳和DK之間距離並不遠，利用客廳不會直接看到DK的配置，以及調整地板高低差等方式，營造出與DK之間的空間差異性。

房屋外觀，看起來像是大型窗戶的部分是陽台位置，類似室內露台的長狀空間，能拉近室內與室外的距離。

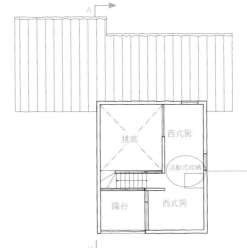

挑高　西式房

活動式收納

陽台　西式房

A'

道路

寬鬆的隔間方式

將來可劃分為2個空間，由於面向客廳上方的大型挑高，會感覺空間變得寬敞許多。採用活動式收納，能靈活運用空間，可透過2樓空間的窗戶促進和客廳之間的空氣流通。

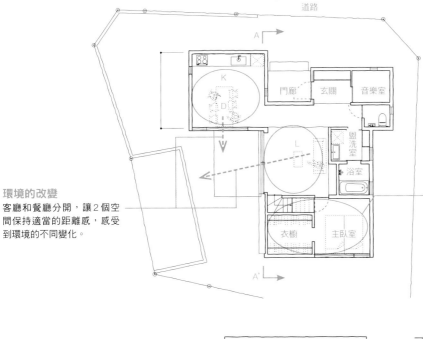

K D

門廊　玄關　音樂室

盥洗室

L

浴室

衣櫥　主臥室

A'

環境的改變

客廳和餐廳分開，讓2個空間保持適當的距離感，感受到環境的不同變化。

簡單就好

設置了能大量收納的固定式衣櫥，採用簡單的臥室設計。

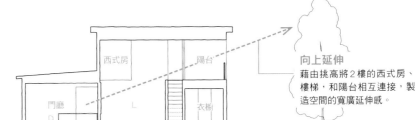

西式房　陽台

門廊
D　L　衣櫥

向上延伸

藉由挑高將2樓的西式房、樓梯，和陽台相互連接，製造空間的寬廣延伸感。

建地面積／231.86㎡
總樓地板面積／99.57㎡
設計／imajo design
名稱／都留的家

151

070 能欣賞窗外風景，降低高度居住舒適的住宅

夫婦兩人一起生活的住家，採用接近單層建築的設計構造，以1樓作為日常生活的主要活動空間。

發揮山丘土地特色，規劃出能看到高山正面風景的起居空間，以及2樓的書房，配合空間視線來設置每道窗戶，營造出能放鬆心情的生活空間。並降低建築物高度，避免產生壓迫感，也不會破壞街道景觀。

房屋相關資訊
家族成員：夫婦
土地條件：建地面積261.69㎡
　　　　　建蔽率40% 容積率80%
　　　　　位在視野良好的山丘地上，停車場到土地的高低差有3.7m。
屋主提出的要求
• 善用房屋南側的特色
• 單層建築的生活型態
• 寬敞明亮的住家環境

✕ 沒有徹底發揮土地特色

昏暗的書房
只在一處設置窗戶，造成室內採光通風效果不佳。

不通風
房屋北側沒有設置窗戶，通風效果差，導致2樓空氣無法流通。

衣櫥　西式房
書房
儲藏室　挑高

2F
1:250

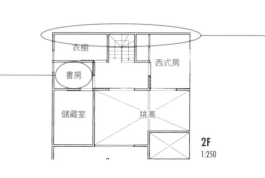

角落的廚房
LDK的南北空間長，容易讓餐廳和廚房變得昏暗，感覺最底端的廚房空間過於封閉。

浴室　盥洗室
衣櫥
主臥室
緣廊
緣廊　玄關

沒有與外部連接
起居空間南側設有緣廊，而拉長了LDK與庭院之間距離，沒辦法欣賞戶外綠色景觀。

南側玄關的採光差
將玄關設在客廳南側，會讓光線無法穿透至LDK，室內光線嚴重不足。

停車空間

1F
1:250

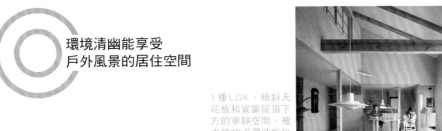

環境清幽能享受戶外風景的居住空間

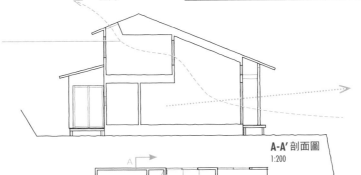

1樓LDK，傾斜天花板和寬廣屋頂下方的寧靜空間，被木頭的溫潤感所包圍，只屬於2個大人一起生活的居家空間。

風的通道
風從1樓的大型窗透過挑高傳導至2樓的北側。

A-A' 剖面圖
1:200

視野遼闊的書房
利用2樓的走道空間設置書房，從書房內可越過挑高眺望遠處的高山景色。

寬敞挑高
LDK上方的大面積挑高能促進2樓的通風效果，還能增加空間的寬廣度。

衣櫥
書房
和室
儲藏室
挑高
儲藏室

2F
1:200

北側庭院
一旁有能放鬆身心的臥室、浴室空間，所以特地在此處規劃了具療癒感的庭院造景。

北側庭院
主臥室
浴室　盥洗室

安靜的臥室
起居空間要通往臥室的狹小空間，雖然面積不大但卻能隔絕走道的吵雜聲，讓臥室環境保持安靜。

L　D　K

眺望窗
有效利用山丘地特色的LDK規劃方式，大開口採用木製落地窗，將全部的落地窗打開後，內外會連接成一體空間。

玄關
緣廊

南側庭院

建築物外觀

建地面積／261.69㎡
總樓地板面積／120.89㎡
設計／相羽建設
名稱／松丘的家

N

停車空間

1F
1:200

071 屋簷下可眺望絕佳景色的LDK，寬敞舒適的住家空間

　　小山丘上佔地面積不大的住宅，可悠閒地眺望周圍綠蔭風景，感受空間的開放感，藉由遮蔽陽光和風雨的屋簷和陽台設計，讓整間房屋看起來像是間小型別墅。陽台空間的南側有很寬的屋簷設計，可增加空間延展性，西側則是能欣賞到1樓的大片景觀。

　　規劃出明亮視野良好的2樓開放式空間，以及給人整齊排列印象的1樓空間。

房屋相關資訊
家族成員：夫婦
土地條件：建地面積125.47㎡
　　　　　建蔽率 40% 容積率80%
　　　　　位於山丘上接近三角形的土地，有3m
　　　　　以上的高低差，可使用面積不大。

屋主提出的要求
• 開放式廚房設計
• 可以在陽台舉辦烤肉活動
• 泡澡時能欣賞風景
• 使用暖爐調節室溫的生活方式

✕ 沒有徹底發揮土地特色

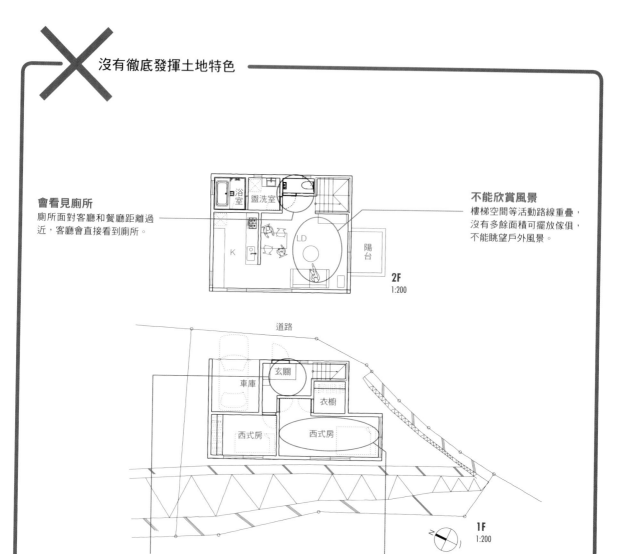

會看見廁所
廁所面對客廳和餐廳距離過近，客廳會直接看到廁所。

不能欣賞風景
樓梯空間等活動路線重疊，沒有多餘面積可擺放傢俱，不能眺望戶外風景。

狹窄的玄關
走道佔用過多面積，擠壓到玄關空間大小。

規劃不當
細長狀的臥室空間，不太好分配床鋪和傢俱的擺放位置。

浴室　盥洗室　K　LD　陽台　**2F** 1:200

道路　車庫　玄關　衣櫥　西式房　西式房　**1F** 1:200

◎ 將衛浴設備設在1樓，
營造2樓LDK的空間開放感

右：上樓梯途中往２樓 LDK 方向看，右邊靠近牆壁的是廚房，暖爐裝置後方則是陽台凸出的牆面。
下：從客廳前方陽台往西側方向看過去的景色。

光看就很開心
開放式廚房能讓 LDK 空間變得更寬敞，能直接看到碗盤餐具、鍋具、廚房用具等物品，真的是「光看就很開心」的廚房設計。

多功能外牆
在露台外圍設置外牆，可增加空間深度，還能阻絕路上行人的視線。

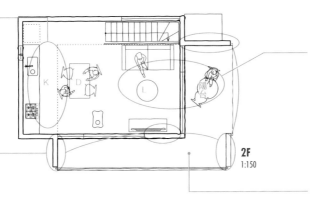

2F
1:150

內外一體
統一屋簷和室內天花板高度，設置直達天花板的大片落地窗，陽台就成為室內的延伸空間。

印象深刻的屋簷下空間
規劃出不會被雨水淋濕的屋簷下空間，讓人產生開放且柔和的印象。能作為曬衣場使用，還兼具1樓外廊的功能。

道路

1F
1:150

整齊的空間規劃
將容易顯得雜亂的洗衣機擺放在不顯眼處，將清洗區的大型拉門打開後，就成為一個大空間，可悠閒地處理手邊家事。

利用窗簾遮蔽
將來可劃分為小孩房，現在是當作休閒工作空間在使用，有裝設窗簾保護個人空間的隱私。

不只是美觀而已
跟傢俱一樣的收納區，不但能增添房內氣氛，也會感覺空間變大許多。

享受泡澡時光
符合屋主所提出「能欣賞風景的泡澡空間」要求的設計，可有效阻擋路上行人的視線，還能眺望山丘下的美景。

建地面積／125.47 ㎡
總樓地板面積／78.53 ㎡
設計／imajo design
名稱／町田的家

072 利用跳躍式樓板來製造空間變化，可眺望運河景色

　　前方有運河經過的黃金地段，利用運河會流經房屋東側的這個特色，來進行各個空間的隔間規劃。但由於防波堤的高度比地面還要高出約2m，因此在房屋東側採用了約半層樓高的跳躍式設計。如此一來，即便只有2層樓高的建築，還是能在比防波堤還要高的位置裝設客廳窗戶。另外，也因為跳躍式設計所呈現出的高低差，讓LDK有更多樣的變化，還能有效利用客廳下方的衍生空間。

> **房屋相關資訊**
> 家族成員：夫婦
> 土地條件：建地面積197.56㎡
> 　　　　　建蔽率50% 容積率100%
> 　　　　　寬度和深度都很足夠的土地，可眺望位在東側的運河景色，運河前方設有防波堤（散步道路）。
>
> **屋主提出的要求**
> ● 不必擔心外來視線，可自在地欣賞運河風景
> ● 從廚房可直接看見LD空間
> ● 寬敞的浴室和盥洗更衣間，採用開放的隔間方式

✕ 房屋構造不穩定，毫無章法的隔間方式

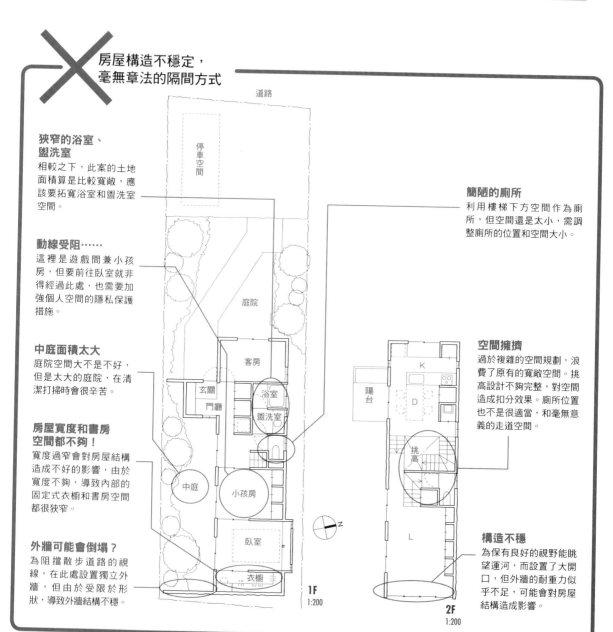

狹窄的浴室、盥洗室
相較之下，此案的土地面積算是比較寬敞，應該要拓寬浴室和盥洗室空間。

動線受阻⋯⋯
這裡是遊戲間兼小孩房，但要前往臥室就非得經過此處，也需要加強個人空間的隱私保護措施。

中庭面積太大
庭院空間大不是不好，但是太大的庭院，在清潔打掃時會很辛苦。

房屋寬度和書房空間都不夠！
寬度過窄會對房屋結構造成不好的影響，由於寬度不夠，導致內部的固定式衣櫥和書房空間都很狹窄。

外牆可能會倒塌？
為阻擋散步道路的視線，在此處設置獨立外牆，但由於受限於形狀，導致外牆結構不穩。

簡陋的廁所
利用樓梯下方空間作為廁所，但空間還是太小，需調整廁所的位置和空間大小。

空間擁擠
過於複雜的空間規劃，浪費了原有的寬敞空間。挑高設計不夠完整，對空間造成扣分效果。廁所位置也不是很適當，和毫無意義的走道空間。

構造不穩
為保有良好的視野能眺望運河，而設置了大開口，但外牆的耐重力似乎不足，可能會對房屋結構造成影響。

道路
停車空間
庭院
客房
玄關門廳
浴室
盥洗室
中庭
小孩房
臥室
衣櫥
1F
1:200

K
D
陽台
挑高
L
2F
1:200

空間寬敞多變，視野良好的中庭式建築

右：從客廳往DK方向看。左側落地窗外為中庭上方。利用跳躍式樓板相互連接的LDK空間，不管是平面或是剖面空間都有豐富變化，營造出讓人有好心情的生活空間。
左：客廳空間，從半樓層高的位置可眺望運河風景。

道路

大範圍的庭院
規劃出可從事園藝活動的庭院空間，雖然位在道路和建築物之間，但因為設有車庫，所以將庭院位置往內移動，這樣就不必擔心道路上行人的視線。

不會感覺壓迫
將廁所和盥洗室規劃在同個區域，空間可保持寬敞，不會產生壓迫感。

寬廣的玄關門廳
有別於封閉的建築物外觀，空間既明亮又開放。

曬衣專用
陽台為曬衣專用空間，距離廚房很近，能有效縮短家事動線。設置裝有扶手的高聳外牆，可阻絕鄰居視線。

面積足夠的中庭
調整中庭空間大小，不需花費太多力氣在打掃上，可從玄關、走道、小孩房欣賞到中庭景色。

氣派的客房
可眺望中庭設有緣廊的客房空間，把門打開就能和室外連接成開放式空間。

保持適當距離的廁所
廁所位置遠離客廳，即便與其他空間相連，也完全不會造成困擾。

作為長板凳使用的樓梯
寬度足夠的樓梯空間，不只是連接各個空間的通道，還能作為可坐下休息的「場地」。

大小適中的小孩房
利用跳躍式樓板設計，將天花板架高的小孩房，藉由空間的往上延伸，即便是面積不大的房間，還是能營造空間的開放感。

停車空間　停車空間

庭院

玄關　門廳　浴室

盥洗室

中庭　客房

小孩房

臥室

衣櫥

1F
1:200

洗衣機
陽台
冰箱
K
D
L

2F
1:200

建地面積／197.56㎡
總樓地板面積／105.00㎡
設計／進榮興業
名稱／東大井的家

安靜的臥室
屋主表示臥室只是睡覺空間，不需要有其他用途，於是將天花板拉低，並設置小型窗，營造出能促進睡眠的空間感。而壓低的天花板上方空間，再加上跳躍式樓板的衍生空間，可作為儲藏室和書房使用。

多變的客廳空間
跳躍式樓板賦予客廳空間各種變化，拉高半層樓高的地板設計，不但能遮蔽來自散步道路的視線，遠眺視野也非常良好。

073

房屋的每個空間
都能欣賞到山腰上的景觀

　　位於鎌倉山平坦坡地上的住宅，西側可眺望大海、江之島、富士山的遠方美景。房屋南側緊鄰隔壁住家，在空間的規劃上以發揮土地本身特色為優先。將客廳設在2樓，在視野良好的西側裝設有能全部敞開的方格拉門，以及大開口的門框設計，從室內的廚房、和室等空間都能直接欣賞到戶外風景，就連1樓的浴室也都能享受美景。設有木製開關門的玄關，以及使用杉木材搭建的樓梯空間等，花費不少心思在住家視野範圍調整，以及房屋另一頭的空間格局規劃上。

房屋相關資訊
家族成員：夫婦＋小孩1人（嬰兒）＋柴犬
土地條件：建地面積158.82㎡
　　　　　建蔽率40% 容積率80%
　　　　　山腰地帶的安靜住宅區，西側可
　　　　　享受豐富的景觀變化，南側則緊鄰隔
　　　　　壁住家。

屋主提出的要求
• 與客廳相連，可作為客房使用的和室
• 寬敞的木造露台
• 通風良好不需仰賴空調系統的住家

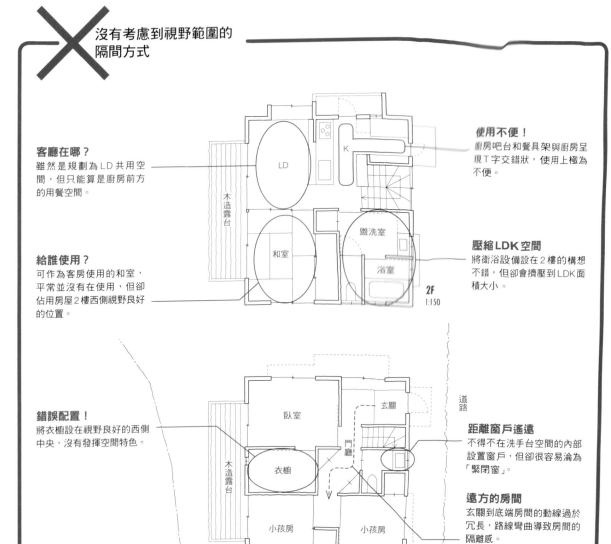

✕ 沒有考慮到視野範圍的隔間方式

客廳在哪？
雖然是規劃為LD共用空間，但只能算是廚房前方的用餐空間。

給誰使用？
可作為客房使用的和室，平常並沒有使用，但卻佔用房屋2樓西側視野良好的位置。

使用不便！
廚房吧台和餐具架與廚房呈現T字交錯狀，使用上極為不便。

壓縮LDK空間
將衛浴設備設在2樓的構想不錯，但卻會擠壓到LDK面積大小。

木造露台　LD　K　和室　盥洗室　浴室　**2F** 1:150

錯誤配置！
將衣櫥設在視野良好的西側中央，沒有發揮空間特色。

距離窗戶遙遠
不得不在洗手台空間的內部設置窗戶，但卻很容易淪為「緊閉窗」。

遠方的房間
玄關到底端房間的動線過於冗長，路線彎曲導致房間的隔離感。

臥室　玄關　門廳　木造露台　衣櫥　小孩房　小孩房　道路　**1F** 1:150

N

LD空間面向木造露台，住家的每個空間都能享受美景

從2樓通往閣樓的樓梯上所看到的室內空間，LDK、和室和木造露台連接成一體空間，各個空間的視野都非常良好。不明顯的木造露台扶手設計也不會對景觀造成任何影響。

平常能使用的空間
採用方格拉門設計，平常可打開拉門，空間的視覺感會變得寬敞許多。

和木造露台連接成一體空間
LD空間面向視野良好的西側，與戶外木造露台相連，成為一個明亮寬敞的空間。

做菜時也能欣賞風景！
站在互動式廚房內，能透過大片落地窗看見戶外景色。

泡澡時搭配美景！
將衛浴設備設在1樓西側，在泡澡的同時還能享受窗外風景。

現在作為完整大空間使用
不是一開始就劃分為2個房間，而是規劃成一個大空間，並設有之後可隔開的隔間設計。

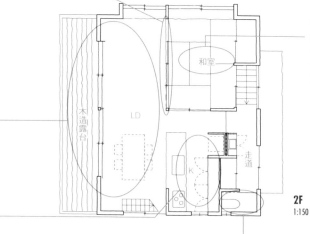

和室也能遠眺景色
和室地板比LDK還要高30cm，坐在和室裡也能享受窗外景色。

安靜的廁所環境
將廁所與LDK隔開一段距離，在使用時不會受到外界干擾。

隨時都可使用的廁所
將盥洗室、浴室和廁所分開，不管是否有人在洗澡，都還是能自由使用廁所。

不需要的走道空間
從玄關門廳只要一步就能進入房間，刪除不必要的走道空間。

2F
1:150

1F
1:150

N

道路

建地面積／158.82㎡
總樓地板面積／100.58㎡
設計／加賀妻工務店（高橋一總・代田倫子）
名稱／鎌倉山・加賀妻風格的住宅

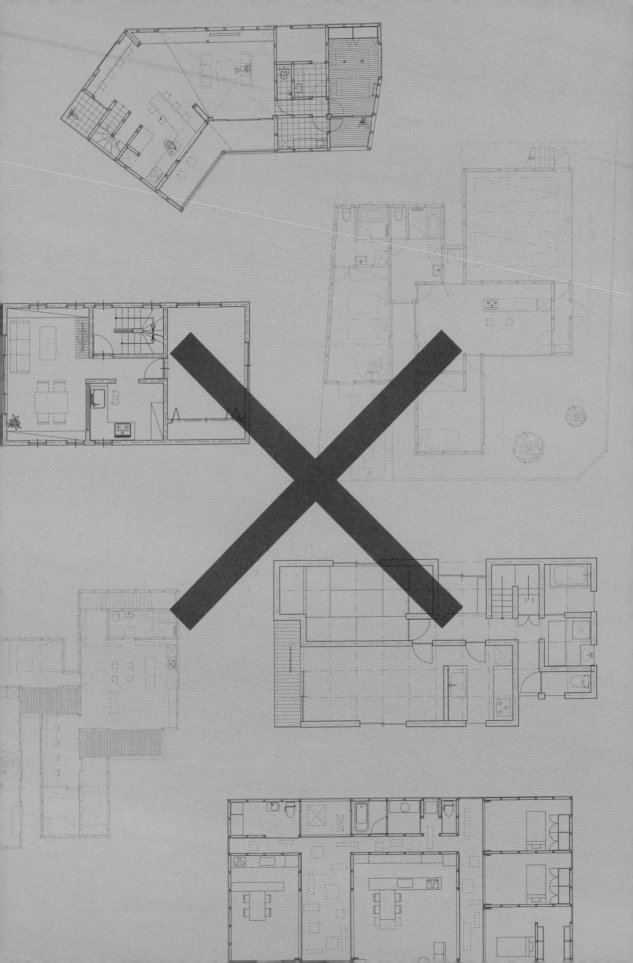

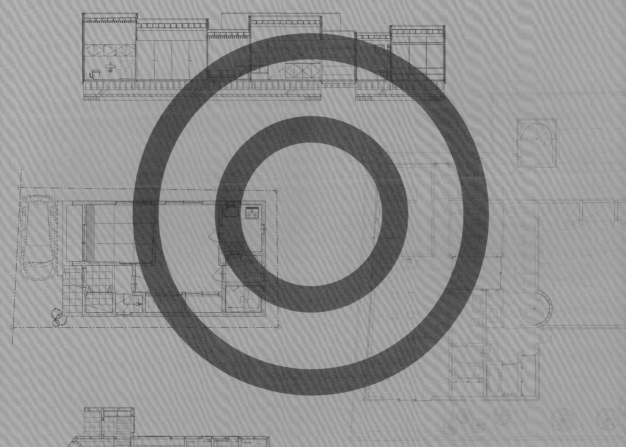

Chapter 5
煞費心思的設計！
多代同堂・出租合併住宅

生活在同個屋簷下的大家族，即便是親子關係，還是得在空間的
規劃上保有個人的隱私。可藉由隔間技術加強獨立空間的互動
性，打造出相連也不會感覺不自在的空間等符合各個家庭需求的
居家環境。

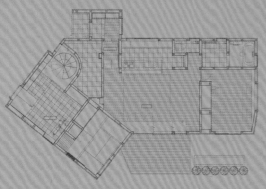

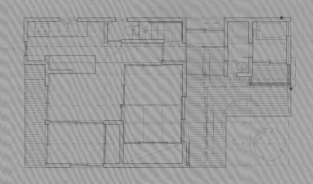

藉由組裝12個箱子的方式，打造出三代同堂的良好居住環境

074

沿著細長河川搭建的三代同堂住宅，以客廳空間為中心，將大小不同的12個空間，在室內各處延伸接續。在空間和空間的縫隙設置玄關、露台和小庭院等有助光線和自然風傳導的設計，在設置開口處時，有先思考如何透過縫隙空間來製其他空間的相互關係。不只是親子關係，將各式各樣會在住家內上演的關係，利用連續性方形空間以及縫隙空間（外部空間）與開口來實現的規劃方式。

房屋相關資訊
家族成員：母＋夫婦＋小孩2人
土地條件：建地面積390.21㎡
　　　　　建蔽率79% 容積率200%
　　　　　連接交通流量大的道路，一旁有排放生活用水的河川。土地一側有稍微切割出角度，南側和東側都與道路連接。
屋主提出的要求
• 明亮開放的住宅空間
• 附近友人來家中的流暢進屋動線

❌ **有趣的設計方式，但通風採光性不佳**

陰暗的廚房
廚房在住家的中心位置，不但被其他空間包圍，也沒有設置窗戶，空氣無法流通且光線昏暗。

繞路的動線
廚房到衛浴設備的動線往來困難，曬衣空間距離遙遠，冗長的家事動線在使用上極為不便。

通風性差
各個空間都只有一扇小窗，如果將門都關上，空氣就無法流通。

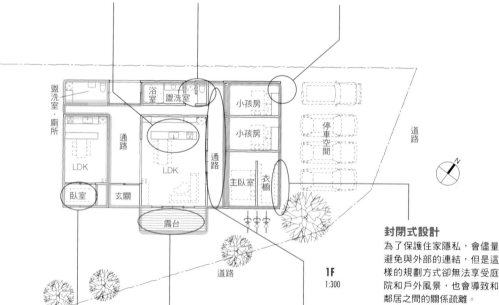

封閉式設計
為了保護住家隱私，會儘量避免與外部的連結，但是這樣的規劃方式卻無法享受庭院和戶外風景，也會導致和鄰居之間的關係疏離。

1F
1:300

母親使用區
夫婦和小孩使用區
共同使用區

簡陋的臥室
為了要和LDK分開，硬是隔出一個空間，造成臥室空間嚴重不足。

毫無隱私的露台
露台和客廳連接，應該是能放鬆身心的空間，但卻能從道路直接看到露台。

家人零互動
共同使用的通道原本是空間規劃的一大特色，一旦將各個房間的門都關上，會減少家人之間的溝通互動，而且通道佔用的面積也過大。

縫隙空間將光線和自然風帶入室內，製造空間的距離感

上：LDK，左側是設有外廊的內部庭院，右還底端則是露台空間。左側窗戶看到的箱形空間是母親居住的客廳和臥室，雖然與LDK相連，還是保持有要越過窗戶和庭院才能看清楚的距離。
下：從廚房旁往LDK方向看。

箱形空間組合
由12個箱形空間組合而成的房屋，感覺彼此分開卻又相連，打造出開放且寬敞的住家空間。

2F 1:300

縫隙空間將家人緊緊連結
12個箱形空間和縫隙空間的串連方式，不但能保有個人隱私，還能增進家人間的溝通互動，成為聯繫家人情感的庭院空間。

大面積的衛浴設備
即便是位在角落區不太顯眼的衛浴設備，還是能成為光線充足方便使用的區域。

方便使用
清洗好的衣物能直接拿去外面曬乾，可減輕母親的體力負擔，提升家事效率。

寬廣的大廳
奶奶的玄關就在能一旁主體建築往來方便的位置上，讓住在附近的友人也能輕鬆地進到室內。

對健康有幫助的明亮空間
能透過內部庭院將各種外部自然氣息帶進室內，讓各個空間都是光線充足和通風良好的舒適居家環境。

拉近家人距離的牆壁
採用2x4英吋木板所搭建而成的薄牆壁，有效拉近箱形空間和箱形空間，以及箱形空間和縫細空間的距離，呈現出空間的一體感。

建地面積／390.21㎡
總樓地板面積／147.42㎡
設計／納谷建築設計事務所
名稱／富津的三代同堂住宅

1F 1:300

保護住家隱私
為保護家人隱私，在面向道路的位置採用封閉式設計，就算打開玄關大門，也不會看到屋內情形。

一體成形的構造和設計
使用間隔10cm的矮樑柱搭建出薄面天花板，直接露出樑柱的設計還具備其他用途。

A-A' 剖面圖 1:300

075 「く字」設計讓住家環境充滿光線和綠意

本疊板的土地形狀，住家北側面向道路，三角狀的房屋南側則隔著一條小河和雜木林相連。為了將土地本身特色轉換為加分效果，決定採用「く字」設計。「く字」建築讓面向道路的北側呈現封閉狀，南側與雜木林相接的空間則是開放式設計，成功地將光線和綠意帶入年長父母所居住的1樓，以及夫婦、小孩分別居住的2、3樓空間。住家外圍的綠色草坪庭院，則是會讓人感到心情愉悅的共用空間。

房屋相關資訊
家族成員：夫婦＋小孩1人＋年長父母
土地條件：建地面積224.45㎡
　　　　　建蔽率40％ 容積率80％
　　　　　接近本疊板形狀的土地，與南側河川高低差約為2m，和前方道路的高低差約有60cm。

屋主提出的要求
• 各自獨立卻不會與家人關係疏離的三代同堂住宅空間規劃
• 玄關位置遠離年長父母居住空間
• 給年長父母使用的家庭菜園空間

✕ 太多的小空間，造成使用上的不便

使用不便
面積不大的好幾個小空間，不整齊的空間造成使用上的困難。

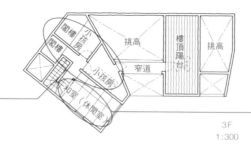

3F
1:300

獨立性？
和室空間預定作為屋主的休閒室來使用，但空間獨立性似乎還需要加強。

破壞一體感
樓梯佔用面積過大，進而破壞了廚房與客廳空間的一體感。

2F
1:300

會在意外來視線
有設置各別使用的玄關空間，但礙於前方道路的外來視線，以及不太吉利的入口位置，都對年長父母的居住空間造成不好的影響。

不適當的樓梯位置
土間收納空間的形狀不太工整，面積與收納容量不成正比。

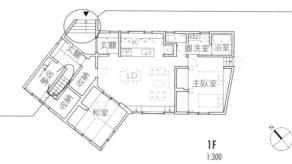

1F
1:300

調整動線增加空間延續性

2樓LDK，廚房吧台的T字型延伸，可作為餐桌使用，還能直接看到客廳和戶外綠景。

整齊分割
規劃出空間完整，能夠眺望大海的小孩房。

上下層的露台
年長父`母所居住的LD有凸出的木造露台設計，與2樓露台的視線銜接，都能夠欣賞到同樣的庭院景色。

獨立式玄關
為尊重年長父母的意見，改掉不吉利的玄關入口位置，特地將面向道路的玄關套用稍微偏離角度的設計。

寬廣的玄關門廳
夫婦和小孩使用的玄關，寬敞的入口大廳可作為腳踏車停放空間，之後也會成為屋主的摩托車停放處。

建地面積／265.24㎡
總樓地板面積／224.45㎡
設計／LEVEL Architects
名稱／材木座的三代同堂住宅

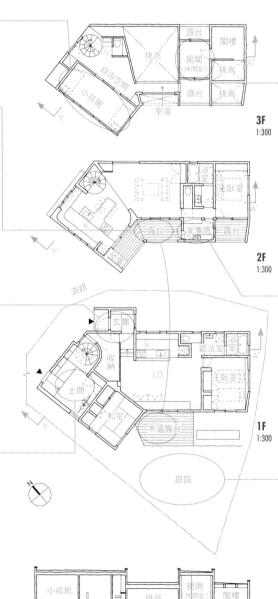

能集中精神的房間
隔著窄道與生活空間分開，獨立性高的房間，讓屋主能專注在自己的興趣上。

放鬆的房間
在夫婦居住的2樓設置家事間，能減輕妻子又要工作又要照顧小孩的辛勞，也是讓妻子可以稍微喘口氣的「專屬空間」。

圍起來的庭院
庭院被「ㄑ字」建築和雜木林包圍，成為開放且充滿綠意的住家空間。

玄關門廳的往來動線
1樓的玄關門廳有共用的內部往來動線空間，小孩可透過螺旋式樓梯從2樓到1樓，再打開最底端的開關門，就能夠進入祖父母的居住空間，這道門也成為二個家庭居住空間的邊境線。

076 可有效阻絕外部視線的窗戶設計，採光良好的二代同堂住宅

在不到30坪大的土地上搭建二代同堂住宅，由於前方道路的交通流量大，首先要克服的難題便是如何在保護隱私的前提下，又不會影響到室內的採光效果。改良後的設計是在2、3樓的南側（道路側）設置大型落地窗，北側則是設有天窗確保室內有充足的光線照射。另外也在2樓LDK接近底端的部分設置陽台，打造出不需在意外來視線的戶外空間，也在浴室裝設了天窗，樓頂空間的設計也完全符合要求。

> **房屋相關資訊**
> 家族成員：夫婦＋母
> 土地條件：建地面積74.43㎡
> 建蔽率60% 容積率200%
> 屬於交通流量大，附近有小學的老舊住宅地，為寬度只有6m的方正土地。
> 屋主提出的要求
> • 部分空間共同使用的二代同堂住宅
> • 寬敞的LDK空間
> • 可舉行烤肉活動的樓頂設計

✕ 1樓空間的用途不夠明確，共用空間過多

封閉式空間
完整的樓梯空間，容易淪為封閉式空間。

使用困難
房間內唯一的訂製收納櫃，但寬度不夠又位在角落區，使用上極為不便。

3F 1:150

深度不夠
陽台空間的寬度夠，但深度卻不足，在擺放桌子後空間會變得十分狹窄。

共同居住設計？
預定作為母親的臥室使用，但位置在LDK旁邊，完全沒有個人隱私。已經不是部分共有空間，而是共同居住空間，距離廁所和衛浴設備也很遙遠。

2F 1:150

狹窄的LDK
由於把母親的房間分配在2樓，導致LDK面積變小，空間寬敞度不足。

佔用過多面積
圍起來的樓梯空間，面積十分足夠，但卻不具備其他用途。

用途不明確
1樓空間的使用方式不夠清楚，定位為共用空間，是通往2樓的通道空間，也是2樓前往浴室的通道，沒有明確劃分使用方式。

1F 1:150

只有玄關共用的
明亮二代同堂住宅

明亮的2樓LDK，將1樓規劃為母親的專用空間，這樣就能確保2樓有足夠大小的LDK。考量到室內環境，而將樓梯空間以牆壁和開關門方式呈現。

樓頂休閒空間
按照屋主要求規劃出樓頂空間，扣除高度限制的部分，成為一整個寬敞的可使用空間。

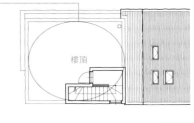

RF
1:150

可看見天上的星星
依屋主要求在浴室內設置天窗，可一邊泡澡一邊欣賞天上的星光閃爍。

兼具採光和設計效果
面對道路設置大型落地窗，不但能讓室內保持明亮，還可提升房屋外觀的俐落感。

3F
1:150

能使用的陽台
位在住家的角落，內部視線可直接穿透，再加上平面形狀工整，可作為外部空間使用。

2F
1:150

光線充足的房屋北側
在容易顯得昏暗的北側房間設置了挑高和氣窗，讓室內空間保持明亮。

連接和室空間
決定隔開和室和LD，但還是可以透過拉門的開關，決定讓兩個空間連接或分開，可因應用途自由選擇。

母親的活動空間
將1樓規劃為母親的使用空間，可保有個人隱私，打造出只有玄關是共用空間的二代同堂住宅。

1F
1:150

建地面積／74.43㎡
總樓地板面積／124.03㎡
設計／MY home
名稱／S&N邸

077 善用每一處空間的寬敞三世代住宅

在30多坪土地上規劃出完全分離的使用空間，但家人之間還是保持良好關係的三代同堂住宅。母親居住在1樓，2樓則是夫婦倆和小孩的使用空間。儘量讓因為車庫而佔用部分空間，而顯得狹窄的1樓不要有任何隔間，並加強室內的設施完備性。可作為臥室使用的和室則是能讓小面積的LD空間保有一定的面積大小。並將2樓廚房後方的衛浴設備集中在同個區域，能有效縮短家事動線。懂得如何適度強化空間的特色，就能讓住家整體空間變得寬敞許多。

```
房屋相關資訊
家族成員：母＋夫婦＋小孩1人（嬰兒）
土地條件：建地面積107.99㎡
         建蔽率60% 容積率200%
         寬度窄的細長狀平坦土地。
屋主提出的要求
• 完全分離的居住空間
• 保有個人隱私又能增進情感交流的規劃設計
• 明亮通風的居家環境
• 柔和設計感的室內空間
```

✕ 有太多的分割空間，容易產生擁擠感

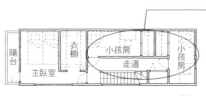

3F
1:250

不謹慎的配置方式
由於有高度限制，導致空間的天花板高度和面積都不太足夠，規劃成小孩房是不錯的想法，但就設計上過於簡陋，走道空間也沒有其他用途。

進出動線不流暢
在衛浴設備的後方設有後陽台，但必須經由盥洗室旁邊的開關門進出。都已經特地規劃出和盥洗室、浴室相連的戶外空間了，還是希望能夠直接進出陽台。

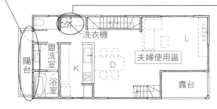

2F
1:250

會直接被看見……
將洗衣機擺放在廚房旁邊，可有效縮短家事動線距離，但是從餐廳和客廳都能直接看到洗衣機空間。

空間的浪費
夫婦倆使用的玄關要通往樓梯的走道空間，雖然和母親居住空間相連，但走道長度似乎過長。

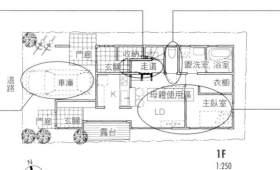

1F
1:250

N

不好停車
夾在兩個玄關之間的狹窄停車空間，寬度是剛好能容納一台車的大小，希望能稍微加大空間寬度。

不好使用
廁所位置在客廳前往臥室的動線上，開關門在使用上較不方便。

空間狹小
將臥室和客廳隔開，導致兩者空間都很狹窄，希望能拓寬生活空間的面積。

依照用途劃分寬敞空間

2樓LDK，通往3樓的樓梯是經過設計的鐵架樓梯，也不會擋到為遮蔽鄰居視線而設置的南側天窗所照射進來的光線。

完整大空間

在孩子年紀還小的時候，可作為一個寬敞空間來使用，等到小孩歲數增長後，可劃分為獨立房間，還能和走道連接成為一體空間。

走道也是房間的一部分

將一部分走道空間納入房間範圍，成為很有氣氛的門前走廊，還能接收到來自樓梯間的光線照射。

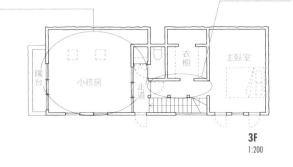

3F 1:200

縮短家事動線

將衛浴設備和洗衣機集中在同個區域內，可有效縮短家事動線，使用上也更方便，也能直接從盥洗室進出陽台空間。

兼具設計感和實用性

將通往3樓個人空間的樓梯設在客廳內，經過設計的鐵架樓梯也成為空間裡的住家裝飾。

連接收納空間

將走道縮減後的剩餘空間作為收納區使用，外部空間也能使用，可用來放置車輛輪胎等物品。

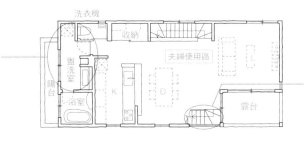

2F 1:200

停車變得輕鬆許多

把車庫位置轉向面對夫婦倆使用的玄關，增加停車空間的寬度。如此一來，就不需要在停車時花費太多力氣，還能將腳踏車停放在屋簷下空間。

適合獨居者的空間配置

由於1樓是母親的專用空間，所以經由盥洗室前往廁所的動線規劃也不會造成困擾，並刪除了通往DK的開關門裝置，空間變得俐落許多。

寬敞的DK空間

將臥室改為和室，平常可和DK連接成一體空間使用，並改變地板設計，讓DK空間有些變化。

建地面積／107.99㎡
總樓地板面積／175.63㎡
設計／KURASU
名稱／大田區中央的家

1F 1:200

169

078 環境舒適有效利用
外部空間的分層式住宅

如果以手來比喻此案的房屋的隔間方式,「手掌」是共用空間和客廳,「手指」則是臥室和小孩房。手指的長度為動線,手指越長或是形狀越複雜,就會是居住不易的住家空間。

手掌到手指的長度越長,則表示居家隱私更有保障。

臥室和小孩房是透過挑高和LDK平順地連接,呈現出極度保護住家隱私的空間規劃方式。

> **房屋相關資訊**
> 家族成員:夫婦+妹(成人)
> 土地條件:建地面積132.90㎡
> 　　　　　建蔽率60% 容積率160%
> 　　　　　東北側連接道路,西南側為山崖,其他
> 　　　　　方位皆緊鄰隔壁住家。
> **屋主提出的要求**
> • 廚房和LD分開,連接陽台空間
> • 能停放2台車的停車空間
> • 採光通風良好的舒適住家環境
> • 共用空間、書房、木造露台等

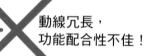

**動線冗長,
功能配合性不佳!**

需加大空間
特別在餐廳上方設置了挑高,但樓上卻有廁所和收納牆壁包圍,無法營造出空間的寬敞度。

面積過大?
預定之後會作為小孩房使用,但是以現在沒有要立刻使用的空間來說,空間似乎過大。

3F
1:250

距離很遠
書房到浴室的移動路線長達15m,不管到哪個地方都是細長動線,活動困難。

不易通行
寬度約有2.7m,在擺放餐桌後,通行就變得非常困難。

2F
1:250

有點危險
雖然還在研究階段,但以一般的構造搭建方式來說,這樣的樑柱距離有點不穩,需再加強牆壁的耐震力。

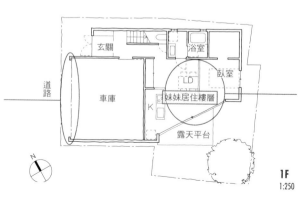

空間稍嫌不足?
雖然是1個人的居住空間,LDK還是過於狹小,與庭院相接的露天平台空間也很小,缺乏和戶外空間的一體感。

1F
1:250

利用挑高營造
空間寬敞度和連結感

2樓的LDK，3樓的通道被螺旋式樓梯的挑高和底端挑高所包圍，不但能增加挑高和陽台的空間寬敞度，還能讓上下樓層產生不突兀的連結感。

挑高能畫龍點睛
LD上方的挑高和螺旋式樓梯上方挑高之間有條連接兩端的通道，還能提升和樓下的接續感。

加強玄關隱私
加裝外部樓梯，並設計了可從2樓直接進出的玄關，可避免住家隱私曝光。玄關位置在房屋的中央，能和其他空間的動線相互連接。

以書房劃分區域
書房在中央位置，扮演將衛浴設備和LDK隔開的角色，還能提升整體的動線效率。

以大空間為優先目標
因為是一個人的生活空間，所以利用隔板稍微隔出臥室，讓整個區域保持在寬廣空間狀態。

耐震性佳
將車庫寬度控制在5m，並採用只有普通牆壁一半厚度，可承受7倍撞擊力的特殊材質牆壁，來確保整體結構的耐震性。

| 建地面積／132.90㎡
| 總樓地板面積／166.43㎡
| 設計／工房
| 名稱／田端ID邸

通風良好的大空間
之後可劃分為小孩房，現在先當作通風良好的房間使用，用途非常多元。

西式房　陽台
西式房　挑高

3F
1:200

視線可穿透的區分方式
使用玻璃隔板區分LD和廚房，採取視線可穿透不直接隔開的方式，不會讓廚房空間產生壓迫感，採光也不會受到影響。

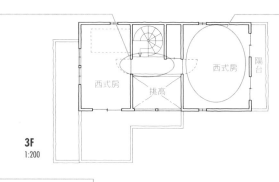

玄關　兄嫂使用區
共用空間　LD　K
書房
浴室　陽台

2F
1:200

一體性的寬敞感
雖然陽台空間越到後面逐漸縮小，但由於和室內連接，呈現出內外一體的開放式空間。

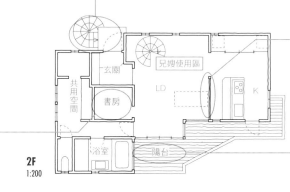

玄關　浴室
妹妹居住樓層
道路　LD
車庫
K　露天平台

1F
1:200

內外一體
加大戶外的露天平台面積，為1樓的空間增添更多樂趣。

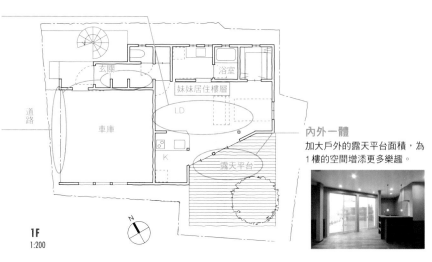

079 考量到鄰居住家視線，調整距離感的二代住宅

可眺望高山和大海的土地，從旗杆狀的玄關門廊可看到玄關屋頂的部分為單層建築。考慮到周遭環境條件，房屋採用單層建設築連接雙層建築的L型設計，年長父母是居住在設有閣樓空間的單層建築，雙層建築則是夫婦的使用空間。南側的露台空間將兩個家庭連接在一起，周圍有農田圍繞，成為可放鬆的悠閒生活環境。室內空間採用簡單的構造和設計，再搭配上選用的堅固紀州杉木建材，打造出融合專業木工作品的住家空間。

房屋相關資訊

家族成員：年長父母＋屋主夫婦
土地條件：建地面積822.51㎡
　　　　　建蔽率 50% 容積率 100%
　　　　　寬度約2.5m的旗杆狀土地，南側山崖
　　　　　方向的視野遼闊。

屋主提出的要求
• 擁有良好的眺望視野，能感覺到空氣和風向流動的住家
• 房屋內部不要有會妨礙視線的設計，盡量拓寬空間
• 共用的木造露台空間
• 讓人想坐下休息的客廳樓梯

✕ 連接2個家庭的微妙隔間方式

錯誤配置！
東側明明沒有鄰居住家，卻在此處設置放東西的儲藏室，會防礙東側的採光效果。

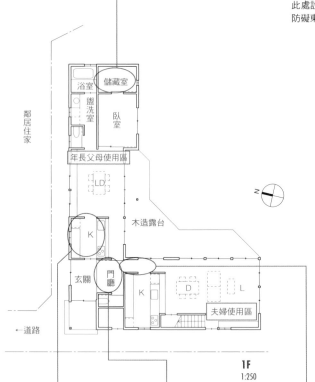

1F
1:250

2F
1:250

需調整的位置？
可直接從玄關土間進入年長父母所使用的廚房空間，但北側距離夫婦居住空間似乎太近。

出入口太近！
從共用玄關前往各自居住空間的通道距離太近，雖然可增進親子關係，但還是希望空間能保持一定的距離感。

直接看到廚房！
在進入LD前會經過廚房的動線規劃，由於訪客也只能照著這條路線走，很容易會看到廚房裡的一舉一動。

收納空間不夠
盥洗室位在前往更衣室和浴室的動線上，如果沒有更大的空間，就無法完整收納物品。

利用臥室和走道來拉近 2個家庭的距離

左：年長父母所使用的LDK，大範圍的開口與木造露台連接。
右：夫婦所使用的LDK，將右側底端的地板架高，賦予空間變化感。

保持距離的臥室
臥室設在玄關旁的房屋北側，將生活空間遠離夫婦居住空間。住家中心的主要樑柱則是負責隔開客廳和臥室空間。

明亮的廚房
廚房在明亮的東側，在距離夫婦居住空間最遠的位置上，營造出生活上必需的適當距離感。

有其他用途的走道空間！
一般都只作為通道使用的走道空間，在這裡成為連接玄關和生活空間的玄關引道，讓空間保持一定的距離感。

不會妨礙到隔壁住家的單層建築
為了不要破壞隔壁住家的眺望視野，將年長父母的居住空間規劃為單層建築。

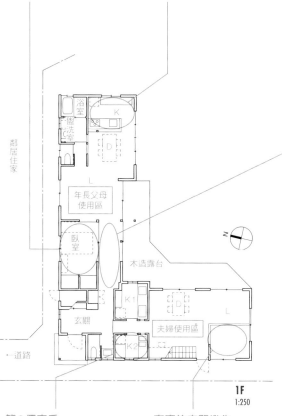

視野更加遼闊
利用一部分單層建築的屋頂設置眺望平台，更能直接感受到大自然的景色變化。

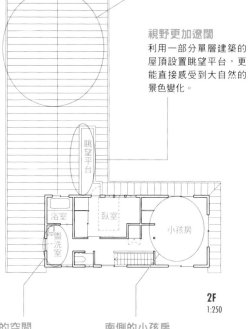

鄰居住家

浴室
盥洗室
K

L

年長父母
使用區

臥室

木造露台

K1
D
L

玄關
夫婦使用區
K2

道路

1F
1:250

眺望平台

浴室
盥洗室
臥室
小孩房

2F
1:250

第2個廚房
彌補廚房空間不足的廚房輔助空間，實用性沒那麼高，適合需要利用機器提升廚藝的人使用。

客廳的空間變化
容易顯得單調的LD空間，將一部分地板架高20 cm，讓空間有所變化。

足夠的空間
將廁所設在樓梯旁，讓盥洗室擁有寬敞的使用空間，收納空間也十分足夠。

南側的小孩房
將只有晚上會使用的房間移到北側，把平常就會使用的小孩房設在南側。為將來的空間劃分作準備，而特別設置了2個入口。

建地面積／822.51㎡
總樓地板面積／162.61㎡
設計／加賀妻工務店（高橋一總・代田倫子）
名稱／二宮・可眺望天空和大海的山丘上住宅

分租給4住戶，採光良好的都市內3層樓建築

　　將50多坪房屋的1樓出租給3位住戶，2樓是1位住戶和年長者夫婦的居住空間，3樓是夫婦和小孩的居住空間。儘量縮短年長夫婦和夫婦、小孩進入客廳的動線，不設置無用的走道空間，年長者夫婦和夫婦、小孩的使用空間完全分離，尊重彼此的隱私權。

　　分租空間的部分，則是統一各個空間的裝潢，腳踏車需各自停放在屋內，並將玄關引道設在房屋南側，這樣的建築物空間配置方式也能改善住家整體的採光效果。

房屋相關資訊
家族成員：夫婦＋小孩1人＋年長者（夫婦）
土地條件：建地面積156.20㎡
　　　　　建蔽率60% 容積率240%
　　　　　沒有高低差的整建後土地，位在死巷的最底端，南側和西側都有3層樓住家，北側則是有5層樓公寓。
屋主提出的要求
• 為減輕房貸負擔，將房屋分租給4位學生住戶
• 3樓的小孩居住樓層要有很高的天花板和閣樓空間
• 除了玄關以外的夫婦小孩使用區都能保有居家隱私

✕ 不方便的居住環境，分租空間部分不符合經濟效益

食物儲藏間太大
比其他房間的收納空間大上許多，需取得空間上的平衡。

吵雜的環境……
共用空間、盥洗更衣間、廁所都在同個空間內，大部分人都還是希望能有廁所的獨立空間。

或許會很吵雜
臥室和出租空間相連，年輕學生的活動時間和夫婦不同，擔心會有音量過大的問題。

看起來是不錯的規劃……
採用北側的1樓和南側的2樓空間交錯的配置方式，這對採光良好的2樓來說是加分效果，但是樓梯似乎佔用太多空間。

空間差異大
分租住戶的空間變動越多，就容易引發各空間採光等條件的差異性。

多餘的走道空間！
不需要設置內玄關連接LDK的走道，會佔用到可用面積。

只能用來休息！
包括開關門的開口處在內，幾乎沒有收納空間，這樣的臥室設計會對生活造成困擾。

進出不便，不太能擺放物品！
衣櫥入口太窄小，也很難拿到掛在最後面的衣物。

這個地方好嗎？
沒有保留通行空間，就直接把洗衣機擺在這裡，雖然距離廚房和臥室不遠，但是這個位置實在不太方便使用。

餐具拿取花費時間
因為廚房旁邊的收納空間不足，只好將餐具櫃等收納空間設在距離廚房較遠處。

採光效果不佳
按照法規必須設置連接北側約2m的玄關引道，雖然清潔打掃很輕鬆，但採光效果不是很好。

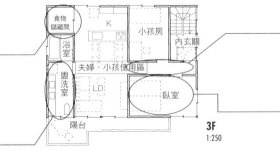

食物儲藏間 / K / 小孩房 / 內玄關 / 浴室 / 盥洗室 / 夫婦、小孩使用區 / LD / 臥室 / 陽台

3F 1:250

盥洗室 / 臥室 / 洗衣機 / 內玄關 / 浴室 / 年長者夫婦使用區 / K / 分租C2 / 分租D2 / LD

2F 1:250

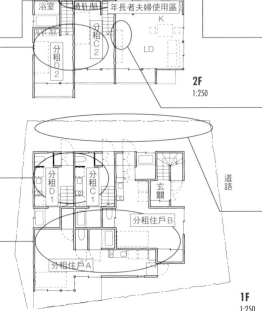

分租D1 / 分租C1 / 玄關 / 分租住戶B / 分租住戶A / 道路

1F 1:250

N

寬敞少隔間的舒適居住空間

空間具備足夠深度
將互動式廚房設在LDK的角落區，提升空間的深度，感覺整個空間變寬敞許多。

明亮的廁所
廁所面向南側陽台，打破以往裝設小窗的傳統作法，裝設直達天花板的大型落地窗，確保廁所有充足的陽光照射。
（左頁照片）

與LDK連接
將隔開北側臥室和LDK之間的開關門打開後，會相連成一體空間，從廚房也能直接查看臥室裡的動靜。

深度夠的寬廣空間
分租住戶的居住環境分別為土間生活空間和衛浴設備，具備深度足夠的寬廣使用空間。

多功能金屬管架
因為沒有多餘空間能讓分租住戶作為收納使用，於是在天花板裝設了多功能的金屬管架，可依照個人生活模式自由運用。

3F
1:250

2F
1:250

1F
1:250

專用的寬敞玄關
夫婦、小孩所使用的玄關空間，因為可以直接在此處脫鞋，所以樓梯給人在「室外」的感覺，也能營造出2個家庭的居住空間距離感。

節省空間不設置走道
以客廳取代走道的規劃方式，被大片玻璃所包圍的客廳空間有充足的外部光線照射。

舒適的晾衣間
由於2樓並沒有設置大面積的陽台，於是在客廳的一角規劃出室內陽台空間（晾衣間），提升LDK的空間舒適度。

善用土間空間
可用來停放腳踏車的土間空間，即便是無隔間空間，但由於地板材質的不同而呈現出為2個截然不同的空間，用途非常廣泛。

讓人也想租借使用的玄關
按照法規在南側設置必要的2m連接通道，就能讓室內空間保持明亮，為了實現這個目標，需針對玄關設計下工夫。

建築物外觀

建地面積／156.20㎡
總樓地板面積／250.92㎡
設計／STUDIO GOH WORKS
名稱／北千住的6住戶

A-A'剖面圖
1:250

夫婦、小孩使用空區
LDK
閣樓
臥室
長父母使用區
LDK
臥室
分租住戶B

081 角落的浴室和庭院共用空間，橫跨三代的7人住宅

開口朝向東南側的住宅，因為與兒子夫婦同住，而改建為三代住宅。2樓的夫婦居住區希望設有音樂室空間，所以在規劃上需考慮到音量問題。將容易顯得狹小的玄關、盥洗室、浴室等共用空間，設在南側的大範圍獨立開放空間內，並將音樂室規劃在衛浴設備的上方，不但可解決音量問題，還能營造出共有空間的獨立性。各個樓層都採用無隔間設計，確保空間的寬敞，狹窄空間則為整齊排列方式，打造出日常生活中不需過度顧慮其他家人的居住空間。

房屋相關資訊
家族成員：父母親＋兒子夫婦＋孫子2人＋姊姊
土地條件：建地面積119.67㎡
　　　　　建蔽率40% 容積率80%
　　　　　留有少數田園風景的安靜住宅區，房屋的2側與道路連接，南側土地較低，房屋面向農田。

屋主提出的要求
• 彼此的居住空間保持適當距離
• 夫婦使用的音樂室
• 光線充足的衛浴設備

✕ 走道無用空間太多，以房間為優先考量的設計

多餘的隔間
考量到之後家庭型態的改變，可變動的規劃方式比較可行。在決定空間的格局規劃時，最重要的思考因素就是可否因應未來家庭型態的變化。

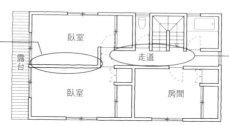

臥室
露台
臥室
走道
房間

2F
1:200

昏暗的走道
連接空間的典型中央走道，容易淪為光線昏暗的狹窄空間。

道路

和室
玄關
浴室
停車空間
盥洗室
緣廊
LD
K

道路

1F
1:200

狹窄的玄關
面向中央走道的封閉式玄關，光線無法穿透，空間更顯狹小，從玄關進入室內直接和廚房入口連接，動線規劃需加強。

不必要的走道空間
雖然在底端設有窗戶，但走道空間並不具備其他用途。如果能將廁所入口設在盥洗室內，就能拓寬盥洗室、廁所空間。

潮濕的衛浴設備
將會產生濕氣的空間設在北側，會加速濕氣的累積，導致牆壁發霉。

面向戶外的遠處共用浴室空間

左：2樓LDK，上方有大面積的閣樓空間，沒有設置任何隔間，將衛浴設備集結在同個區域內，讓空間保持寬敞。
右：從1樓臥室往LD方向看，隱約可看見的開關門設計是隔開LD和臥室的拉門。平常會將拉門打開，呈現出一體性的使用空間。

功能集中的衛浴設備
將廚房和衛浴設備面積縮到最小，不浪費每一處空間。

進出方便的廚房
設有通往庭院的出口，廚房空間不會產生封閉感，不管是要倒垃圾或是查看醃漬蔬果的狀態等廚房家務都很方便。

分開的2個庭院
將共用的露台和父母親的庭院空間分開，可隨意自由使用。被2個庭院所包圍的住家則呈現出卓越的空間開放感。

無隔間的寬敞空間
將收納區規劃在牆壁上，並設有開關門，不露出多餘空間，盡量保持整齊。閣樓空間也十分寬廣，顯現出空間的寬敞感。

視線可穿透的玄關
進入玄關後會面向南側的露台，可直接遠眺並感受稻田的四季變化，感覺住家空間變得更為寬敞。

開放式的浴室空間
浴室採用面向南側露台的開放式設計，並設有可隨意開關的方格窗，可瞬間變身成為住家內的露天澡堂。

平常是寬敞的使用空間
白天將臥室的門都打開，就會變成寬敞的使用空間，又因為與露台空間相連，會感覺空間變得更加寬闊。

音樂室
因為將音樂室設在1樓共用空間的上方，即便是夜晚也不怕會吵到家人，在室內也有裝設隔音棉設備。

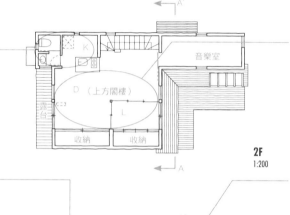

2F 1:200

1F 1:200

A-A' 剖面圖
1:200

建地面積／119.67㎡
總樓地板面積／93.46㎡
設計／村山隆司工作室
名稱／昭島的家

三代同住的拼湊式空間
出租住宅

　　位在安靜住宅區內的三代同堂兼出租的共用住宅，夫婦家庭和父親的居住空間是由具備適度獨立性和一體性的和室、中庭、露台等連接空間所組成。中庭和複數個露台設計，可幫助光線進到室內，還能促進空氣流通，讓住家環境變得更加舒適。另外也規劃了提供給分租住戶所使用的獨立式玄關門廊，以及面向綠地空間寬敞的露台等空間，規劃出讓住戶會感覺自己是住在獨棟建築內的完善設施住家環境。

房屋相關資訊
家族成員：夫婦＋小孩2人＋父＋分租住戶
土地條件：建地面積248.21㎡
　　　　　建蔽率70% 容積率160%
　　　　　周圍有大型公園和綠地的安靜住宅區，
　　　　　鄰地為綠地的三角地帶。

屋主提出的要求
- 設有分租住戶設施
- 能容納2台車的停車場，大量的收納空間
- 三代同堂的舒適住家環境

✗ 3個住家區域個別獨立，所有空間都使用困難

要更接近北側綠地！
房屋北側有大面積的綠地公園，但住家空間卻無法享受這片綠意。

狹窄的LDK
LDK空間寬度狹窄細長，連帶導致廚房空間昏暗。

須繞路的衛浴設備
衛浴設備位在房屋北側，不但距離LDK遙遠，還必須先經過臥室才能進入。

臥室距離玄關太近
從玄關會直接看到臥室，臥室也會作為通道使用，環境吵雜會對情緒造成影響。

從玄關直接進入LDK
進入玄關後眼前就是LDK空間，同時也是通往臥室和房間的移動路線，會佔用LDK過多面積。

隱私問題
位置面向南側，會很在意外部視線，沒辦法呈現出室內空間的開放感。

細長狀的房間
預定作為小孩房使用，因為有另外設置了讀書空間，這裡會淪為睡覺專用的房間。

面向開口的中庭
中庭對面是其他住家和住家的開口處，無法營造出室內空間開放感。

只有一個家庭能使用……
只有父親能使用的庭院空間，父親和夫婦家庭分別居住在1、2樓空間，不常往來會導致感情變得生疏。

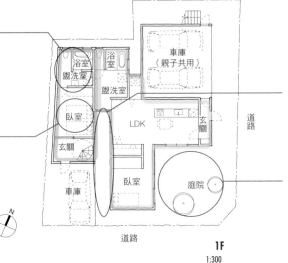

父親使用區
夫婦和小孩使用區
分租空間

2F
1:300

1F
1:300

連接中庭與和室
作為二代家庭的住家中心

2樓夫婦小孩居住區的LDK，被3個露台所包圍的明亮舒適空間。正前方的露台牆壁高聳直立，只設置部分開口，避免居家隱私曝光。

只以天空區隔
將小孩房設在住家最高處，與天空相鄰，成為能幫助小孩健康成長的住家空間。

開放的露台空間
面向北側綠地的露台，和房間位置垂直交錯，讓室內空間也能直接欣賞到戶外綠地風景，還能阻擋外部視線。

開放式LDK
LDK被3個露台所包圍，除了可提升通風採光效果，還能保護住家隱私，讓居家空間變得更舒適。

面積寬敞採光良好
設置挑高除了能提升空間寬敞感，還能獲得南側天窗的採光效果。光線可藉由牆壁反射到臥室內，讓居住者能夠在感覺到溫暖的光線照射後，再不急不徐地起床。

能享受綠意景觀的浴室
將浴室設在接近綠地的地方，泡澡時還能欣賞戶外豐富多變的景色。

感覺放心的露台空間
可遮蔽外部視線，還能放鬆身心的露台空間，也可以和室內連接成開放式空間。

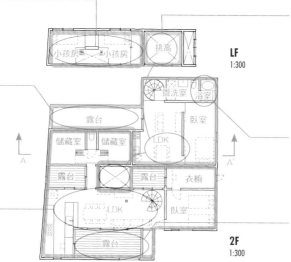

LF 1:300

2F 1:300

2個家庭的住家緩衝空間
可透過1樓的和室往來2個家庭的住家空間，由於面向中庭，成功營造出不遠也不近的絕妙距離感。

集中在同個區域
將衛浴設備集中在同個區域內，讓其他空間保持寬敞。還能藉由中庭增加採光效果，打造出開放的浴室空間。

獨立性高的玄關
不佔用過多空間的玄關設計，具備極高的獨立性，可保護住家隱私，移動路線也很順暢，有效增加室內可使用空間面積。

大家都可使用的庭院
父親和夫婦家庭都可自由使用的庭院空間，不但能保護隱私，也成為聯絡家人感情的場所。

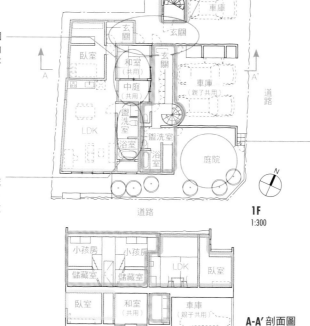

1F 1:300

A-A' 剖面圖 1:300

建地面積／248.21㎡
總樓地板面積／256.64㎡
設計／納谷建築設計事務所
名稱／上用賀的集合住宅

晚上的建築物外觀

083 因應老年生活 而改建的都市型分租住宅

　　孩子們都已經獨立離家的夫婦，為了老年生活所改建的分租式住宅。住家距離私鐵車站非常近，由於周邊大多都是出租房屋，為求出租客源穩定，希望能具備有別於其他出租住宅的裝潢設計。剛開始是想要將1、2樓空間分別租給4位房客使用，但由於考量到租金部分不如預期，為提高共用空間的效率，決定把1個樓層分別租給3位房客，所以總共規劃出6個分租區空間。而夫妻所居住的3樓當然也是光線充足的舒適居家空間。

房屋相關資訊
家族成員：夫婦＋犬2隻
土地條件：建地面積121.12㎡
　　　　　建蔽率60% 容積率150%
　　　　　距離私鐵車站只要走路幾分鐘便可抵達，附近有商店街交通方便的正方形土地。

屋主提出的要求
• 設有分租區的老年人住宅
• 1、2樓分租給4位房客，3樓為屋主居住空間
• 有別於其他出租住宅的空間設計
• 之後想要裝設電梯

✖ 出租率不符合經濟效益，
3樓空間規劃不佳

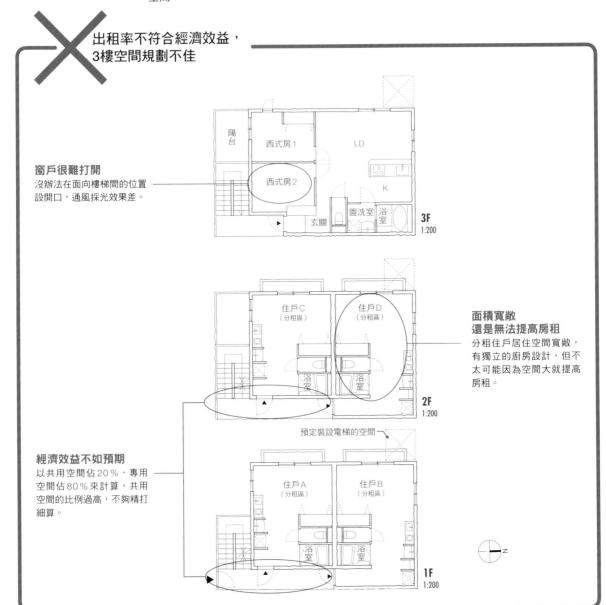

窗戶很難打開
沒辦法在面向樓梯間的位置設開口，通風採光效果差。

陽台

西式房1

LD

西式房2

K

盥洗室

浴室

玄關

3F 1:200

面積寬敞還是無法提高房租
分租住戶居住空間寬敞，有獨立的廚房設計，但不太可能因為空間大就提高房租。

住戶C（分租區）

住戶D（分租區）

浴室

浴室

2F 1:200

預定裝設電梯的空間

經濟效益不如預期
以共用空間佔20%，專用空間佔80%來計算，共用空間的比例過高，不夠精打細算。

住戶A（分租區）

住戶B（分租區）

浴室

浴室

1F 1:200

N

明亮舒適的3樓空間，
有效提升出租效益

左：3樓的房東居住空間，地板使用切割完整的建材，並設有地板暖爐設計，讓居家環境保持明亮溫暖。
右：從3樓玄關往樓梯方向看，由於所在地是最高樓層，可以很明顯感受到視野遼闊感。

寬敞的陽台空間
因為移動了樓梯位置，所以能夠在房間前方設置大型陽台，通風採光效果都十分良好。

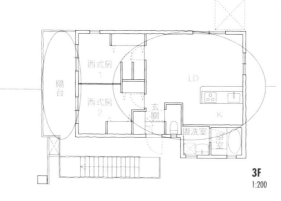

舒適的居住環境
房屋的最高樓層最靠近天空，還有充足的光線照射，可說是最適合居住的空間。透過切割完整的建材和設置地板暖爐等設計，打造出功能齊全的舒適居家環境。

特別訂做的磁磚裝飾
為了凸顯與其他出租住宅的差異性，在建築外外牆使用了訂做的磁磚裝飾。

完美的隔音效果
為提升隔音效果，隔間牆壁採用輕質水泥板，並以厚重鋼筋作為空間架構，能有效解決上下樓層的音量問題。

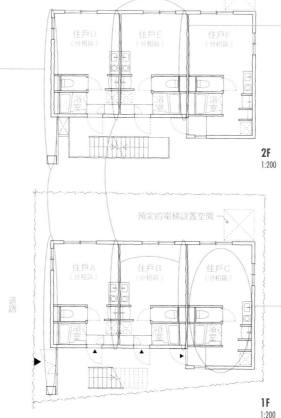

降低無承租房客風險
1、2樓都分別設有3間出租房，一共會有6位房客入住，雖然每間房的居住面積不大，但還是能增加租金，減少空屋無人承租時的利益損失。

建地面積／121.12 ㎡
總樓地板面積／201.78 ㎡
設計／三京建設一級建築士事務所
名稱／目黑・G公寓

084 利用車站前的旗杆土地搭建成分租給住戶和店面使用的住宅

　　距離私鐵車站只要走路2分鐘，便利性極高的居家環境，位在商店街內的私人用地。起初是將旗杆的「杆部」改建為租借停車場空間，另一端則作為自家住宅使用，但畢竟還是住在商店街內，為了要融入周邊環境，於是向屋主提出在靠近道路一側設置小型出租店面的構想。整棟建築物是採用木造耐震技術搭建，3樓設有分租區，店鋪現在也已經是商店街的人氣店家，生意興隆吸引許多客人上門消費。

房屋相關資訊
家族成員：夫婦＋小孩3人（成人）
土地條件：建地面積155.16㎡
　　　　　建蔽率80% 容積率300%
　　　　　只要走路幾分鐘即可抵達附近的私鐵車站，面向商店街交通便利的居家環境，土地為旗杆型。

屋主提出的要求
• 可停放2台車的月租型停車場＋自家住宅空間
• 鋪有榻榻米的起居空間和臥室
• 冬天感覺溫暖，不需花費太多心思維持的房屋外觀設計

✕ 顯得格格不入，通風採光不足

光線無法透入
房屋南側和1樓同樣緊鄰隔壁住家的3層樓建築，有可能只有這裡的窗戶無法開啟。

不要破壞街道景觀
一開始是希望將旗杆型土地的杆部改建為可停放2台車的停車場，但是這樣會破壞商店街的街景，有可能會引起附近商家的不快。

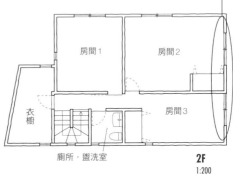

廁所・盥洗室　　　　　　**2F**
　　　　　　　　　　　　1:200

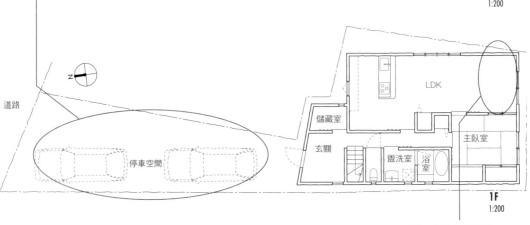

1F
1:200

雖然室內空間很寬敞……
大面積的LDK會受到隔壁住家的遮蔽影響，導致南側的採光通風效果不佳。

善用每個空間設置
分租區和居住空間

左：1樓的LDK空間，右側下方
可看見符合屋主需求，能讓
「冬天室內保持溫暖」，使用夜
間電力的儲蓄式電暖爐設備。
右：道路旁的建築物外觀。

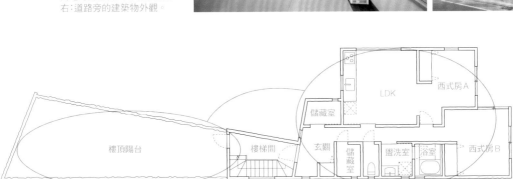

3F 1:200

這裡也能出租
在3樓增設分租給小家庭使用的房
間，還有專屬的樓頂陽台空間。如
果居住者是有1個小孩的家庭，那就
會是出租型的二代住宅。

小孩的堡壘空間
3個小孩都已經是成
人，特別規劃出3間
能放鬆身心的房間給
他們使用。

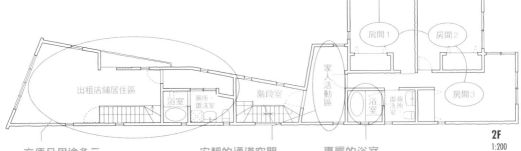

2F 1:200

方便且用途多元
1樓店鋪老闆的使用空間，
不但可居住還能作為事務
所和休息空間使用。

安靜的通道空間
位在通往房間移動路線上
的空間，可作為共用的讀
書區使用。

專屬的浴室
因為在杆部位置設有樓梯，所以將小孩
使用的浴室設在此處，讓活動時間和父
母錯開的小孩可自由選擇洗澡時間。

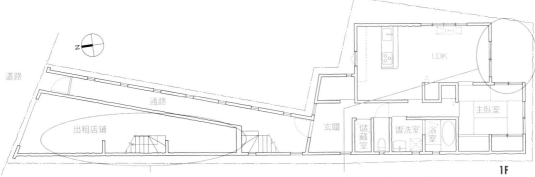

1F 1:200

建地面積／155.16㎡
總樓地板面積／299.91㎡
設計／三京建設一級建築士事務所
名稱／品川區I邸

成為商店街的人氣店家
為了不要破壞商店街的街景和諧度，
於是在「杆部」設置出租店鋪，後來
這家店也成為商店街上的看板店家，
屋主還能因此收取租金收入。

環境比空間大小重要
挖空一部分南側空間設置天窗區，可
順利讓南側光線穿透進屋內。這樣的
規劃方式雖然會縮減空間大小，但是
卻能有效提升住家環境的舒適度。

方案提供協力・設計事務所＋工務店

設計事務所

acaa
代表　岸本和彦
電話　0467-57-2232
住所　神奈川県茅ヶ崎市中海岸4-15-40-403
URL　http://www.ac-aa.com/
掲載ページ　P10,66

㈱APOLLO
代表　黒崎 敏
電話　03-6272-5828
住所　東京都千代田区二番町5-25
　　　二番町露台＃101
URL　http://www.kurosakisatoshi.com/
掲載ページ　P64,142

FEDL ㈱ ファーイースト・デザイン・ラボ
代表　伊原孝則
電話　03-3585-5573
住所　東京都港区麻布台2-2-12-6BC
URL　http://www.fedl.jp/
掲載ページ　P68,98

㈲H.A.S.Market
代表　長谷部 勉／鈴木義一
電話　03-6801-8777
住所　東京都文京区本郷3-32-7 MSKビル5F
URL　http://www.hasm.jp/
掲載ページ　P40,100

LEVEL Architects
代表　出原賢一／中村和基
電話　03-3776-7393
住所　東京都品川区大井1-49-12-305
URL　http://www.level-architects.com/
掲載ページ　P148,164

㈲荒木毅建築事務所
代表　荒木 毅
電話　03-3318-2671
住所　東京都杉並区阿佐谷南1-16-9 坂井ビル4F
URL　http://www.t-araki.co.jp/
掲載ページ　P24,46

㈱アルファヴィル
代表　竹口健太郎／山本麻子
電話　075-312-6951
住所　京都府京都市右京区西院上花田町32
URL　http://a-ville.net/
掲載ページ　P52,78

イマジョウデザイン一級建築士事務所
代表　今城敏明／今城由紀子
電話　03-5432-9265
住所　東京都世田谷区駒沢1-7-13-104
URL　http://www.imajo-design.com/
掲載ページ　P150,154

㈲岡村泰之建築設計事務所
代表　岡村泰之
電話　03-5450-7613
住所　東京都世田谷区豪徳寺1-1-5
URL　http://www.amy.hi-ho.ne.jp/okmr/
掲載ページ　P102,146

充総合計画 一級建築士事務所
代表　杉浦 充
電話　03-6319-5806
住所　東京都目黒区中根2-19-19
URL　http://www.jyuarchitect.com/
掲載ページ　P56,104,106,110

㈲ステューディオ2アーキテクツ
代表　二宮 博／菱谷和子
電話　045-488-4125
住所　神奈川県横浜市神奈川区片倉2-29-5-B
URL　http://home.netyou.jp/cc/studio2/
掲載ページ　P32,70

㈲設計教室一級建築士事務所
代表　瀬野和広
電話　03-3310-4156
住所　東京都中野区大和町1-67-6 MT COURT 606
URL　http://www1.odn.ne.jp/aaj69100/
掲載ページ　P8,14

直井建築設計事務所

代表　直井克敏／直井徳子
電話　03-6806-2421
住所　東京都千代田区外神田5-1-7 五番館4F
URL　http://www.naoi-a.com/
掲載ページ　P54,112

納谷建築設計事務所

代表　納谷 学／納谷 新
電話　044-411-7934
住所　神奈川県川崎市中原区上丸子山王町
2-1376-1F
URL　http://www.naya1993.com/
掲載ページ　P162,178

長谷川順持建築デザインオフィス㈱

代表　長谷川順持
電話　03-3523-6063
住所　東京都中央区新川2-19-8-7F
URL　http://www.interactive-concept.co.jp/
掲載ページ　P118

マニエラ建築設計事務所

代表　大江一夫
電話　0798-71-2802
住所　兵庫県西宮市深谷町11-14
URL　http://www.maniera.co.jp/
掲載ページ　P12,96

村山隆司教室一級建築士事務所

代表　村山隆司
電話　03-3641-4834
住所　東京都江東区佐賀2-1-12 泊楓居
URL　http://www.hakufukyo.com/
掲載ページ　P44,176

㈱矢板建築設計研究所

代表　矢板久明／矢板直子
電話　03-5775-7217
住所　東京都渋谷区神宮前3-42-8-402
URL　http://www.yaita-associates.com/
掲載ページ　P116

工務店

㈱KURASU

代表　小針美玲
電話　03-5726-1105
住所　東京都目黒区自由が丘1-2-26
URL　http://www.kurasu.co.jp/
掲載ページ　P22,168

相羽建設㈱

代表　相羽健太郎
電話　042-395-4181
住所　東京都東村山市本町2-22-11
URL　http://aibaeco.co.jp/
掲載ページ　P38,152

岡庭院建設㈱

代表　岡庭院伸行
電話　042-468-1166
住所　東京都西東京市富士町1-13-11
URL　http://www.okaniwa.jp/
掲載ページ　P48,114

㈱三京建設

代表　白井康雄
電話　03-3723-5845
住所　東京都目黒区中根2-3-15
URL　http://www.sankyo-construction.co.jp/
掲載ページ　P180,182

㈱参創ハウテック

代表　清水康弘
電話　03-5940-4451
住所　東京都文京区大塚3-5-9
URL　http://www.juutaku.co.jp/
掲載ページ　P28,128

進栄興業㈱

代表　田中米一
電話　03-3731-7245
住所　東京都大田区東蒲田1-7-6
URL　http://www.shinei-kougyo.co.jp/
掲載ページ　P76,156

方案提供協力・設計事務所＋工務店

スタジオ・ゴー・ワークス 剛保建設 ㈱
代表　萩原保司
電話　03-3357-6433
住所　東京都新宿区富久町16-12 パルセ富久ビル2F
URL　http://www.studiogoh.com/
掲載ページ　P134,174

㈱ 創建舎
代表　中里一雄
電話　03-3759-6462
住所　東京都大田区下丸子1-6-5
URL　http://www.soukensya.jp/
掲載ページ　P36,60

大栄工業 ㈱
代表　尾身嘉一
電話　03-3359-0391
住所　東京都新宿区住吉町11-20
URL　http://www.daiei-con.jp/
掲載ページ　P58

㈱ 鶴崎工務店
代表　鶴崎敏美
電話　03-3488-8511
住所　東京都狛江市西野川2-38-8
URL　http://www.tsurusaki.co.jp/
掲載ページ　P122,126

㈱ ホープス
代表　清野廣道
電話　03-5752-8877
住所　東京都世田谷区尾山台3-24-6
URL　http://www.archi-hopes.co.jp
掲載ページ　P62

㈱ マイホーム
代表　近藤里司
電話　03-5743-3616
住所　東京都大田区北馬込2-1-1
URL　http://k-myhome.co.jp/
掲載ページ　P166

桃山建設 ㈱
代表　川岸孝一郎
電話　03-3703-1421
住所　東京都世田谷区玉堤1-27-13
URL　http://www.m-design.co.jp/
掲載ページ　P74,108

㈱ 工房
代表　成田正史
電話　048-227-0500
住所　埼玉県川口市本町3-2-22
URL　http://www.h-kobo.co.jp/
掲載ページ　P42,120,170

㈱ 小林建設
代表　小林伸吾
電話　0495-72-0327
住所　埼玉県本庄市児玉町児玉2454-1
URL　http://www.kobaken.info/
掲載ページ　P86,130

㈱ 中野工務店
代表　中野 智之
電話　047-324-3301
住所　千葉県市川市市川南4-8-14
URL　http://www.nakano-komuten.co.jp/
掲載ページ　P16,124

㈱ 加賀妻工務店
代表　妹尾喜浩
電話　0467-87-1711
住所　神奈川県茅ヶ崎市矢畑1395
URL　http://www.kagatuma.co.jp/
掲載ページ　P158,172

㈱ 北村建築工房
代表　北村佳巳
電話　046-865-4321
住所　神奈川県横須賀市追浜東町2-13
URL　http://www.ki-kobo.jp/
掲載ページ　P20

日本住研 ㈱

代表　内田俊夫
電話　0466-27-1091
住所　神奈川県藤沢市南藤沢8-12
URL　http://www.njnet.jp/
掲載ページ　P34

㈱ イトコー

代表　伊藤正幸
電話　0533-86-8887
住所　愛知県豊川市諏訪西町2-248
URL　http://www.itoko.co.jp/
掲載ページ　P80,92

㈱ オザキ建設

代表　尾﨑立美
電話　052-877-8200
住所　愛知県名古屋市緑区平手南2-410
URL　http://ozakikensetu.co.jp/
掲載ページ　P26,82

大清建設 ㈱

代表　岡島直樹
電話　0568-23-9121
住所　愛知県北名古屋市井瀬木高畑17
URL　http://www.daisei-kensetsu.co.jp/
掲載ページ　P88

㈱ デザオ建設

代表　出竿賢治
電話　075-594-0666
住所　京都府京都市山科区西野櫃川町50-1
URL　http://www.dezao.com/
掲載ページ　P132,136

㈱ ケイ・アイ・エス

代表　乾 勝彦
電話　06-6724-7658
住所　大阪府東大阪市宝持2-3-6
URL　http://www.kisr1.co.jp/
掲載ページ　P84,138

㈱ じょぶ

代表　佐藤福男
電話　0120-926-117
住所　大阪府東大阪市中新開2-10-26
URL　http://www.job-homes.com/
掲載ページ　P18,144

MagHaus ㈱ ユニテ

代表　花井千赴
電話　076-495-9015
住所　富山県富山市二口町1-2-7
URL　http://www.maghaus.com/
掲載ページ　P30,90

㈱ エヌテック

代表　野坂和志
電話　082-509-5771
住所　広島市西区大宮2-13-7
URL　http://www.ntecj.co.jp/
掲載ページ　P72

PROFILE

ザ・ハウス（The House）

　the house在2000年導入「建築設計師介紹服務」，緊接著在2001年推出「工務店介紹服務」，之所以會如此積極開發此項事業，那是因為這世界上存在著許多考量到各式土地條件、家庭成員組成，以及配合家庭生活模式，而衍生出為居住者量身打造的格局規劃方式。

　要成功設計出世界上獨一無二的住家空間，最重要的是找到有相同價值觀能達成共識的合作夥伴，所以我們提供的服務就是——與客戶面對面溝通，幫忙找尋最適合的合作夥伴。

　此次承蒙多位在敝公司登錄的建築設計師以及各大工務店的協助，才能讓此書順利問世。

　其實住家的「格局規劃方式」並沒有標準答案存在，只有配合條件經過多次修改的設計，以及改良前的原始設計。本書是將原始設計以及從不同角度切入的改良後設計，以「改良前後的格局規劃對比形式」來撰寫本書內容。

　誠心希望這本書能為之後需要裝潢整修房屋，或是實際從事設計業的人士都能有所幫助。

　最後要特別感謝在製作本書時給予幫助的各方人士，也衷心感激每一位願意翻閱本書的讀者。

株式會社・the house
http://thehouse.co.jp
TEL:03-3449-0950

TITLE

大師如何設計：住宅格局　○與X

STAFF

出版	瑞昇文化事業股份有限公司
編著	ザ・ハウス（The House）
譯者	林文娟
總編輯	郭湘齡
責任編輯	王瓊苹
文字編輯	黃雅琳　林修敏　黃美玉
美術編輯	謝彥如
排版	執筆者設計工作室
製版	大亞彩色印刷製版股份有限公司
印刷	桂林彩色印刷股份有限公司
法律顧問	經兆國際法律事務所　黃沛聲律師
戶名	瑞昇文化事業股份有限公司
劃撥帳號	19598343
地址	新北市中和區景平路464巷2弄1-4號
電話	(02)2945-3191
傳真	(02)2945-3190
網址	www.rising-books.com.tw
Mail	resing@ms34.hinet.net
初版日期	2014年7月
定價	350元

國家圖書館出版品預行編目資料

大師如何設計：住宅格局○與X / ザ・ハウス編著；
林文娟譯. -- 初版. -- 新北市：瑞昇文化, 2014.07
192面；18.2*25.7　公分
ISBN 978-986-5749-53-8(平裝)

1.房屋建築 2.室內設計 3.空間設計

441.58　　　　　　　　　　　　　103010178

國內著作權保障，請勿翻印 ／ 如有破損或裝訂錯誤請寄回更換
MADORI NO ○ TO X
© X-Knowledge Co., Ltd. 2013
Originally published in Japan in 2013 by X-Knowledge Co., Ltd.
Chinese (in complex character only) translation rights arranged with
X-Knowledge Co., Ltd.

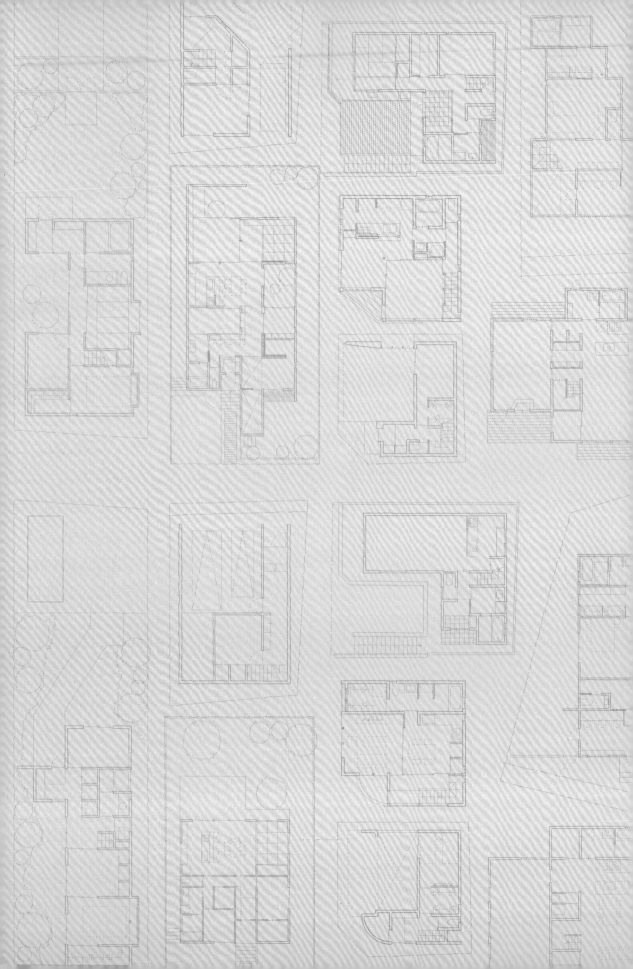